U0004501

# KEYS TO GOOD COOKING

廚藝之鑰〔下〕

A GUIDE TO MAKING THE BEST OF FOODS AND RECIPES

# Contents
# 目錄

NUTS AND OIL SEEDS
## 第16章 堅果與含油種子／

堅果是含有大量油脂的種子，能為我們提供重要的基礎風味。

BREADS
## 第17章 麵包／

這次，堅硬的穀物化為柔軟的麵團，再形成外表香脆、內部鬆軟的麵包。

PASTRIES AND PIES
## 第**18**章 酥皮與派／**369**

這是穀物、水和空氣，所結合成的焦香風味和乾酥愉悅感受。

CAKES, MUFFINS, AND COOKIES
# 第19章 蛋糕、馬芬與小甜餅／**389**

酥皮的難度在於食材得用得節制，蛋糕的挑戰則是如何揮霍。

COFFEE AND TEA
## 第24章 咖啡與茶／487

人類以高溫烘焙或揉捻，喚起休眠中的種子和凋萎的葉子，誘發出各種細緻迷人的咖啡香和茶香。

# Sauces and soups are pourable pleasures

# CHAPTER 13

## SAUCES, STOCKS, AND SOUPS

### 醬料、高湯與湯品

這是蔬菜與肉類的精華，有著鮮明的風味以及流連不去的濕潤感，能帶來流動性的愉悅。

醬料是一種流動性的愉悅。醬料、沙拉醬和沾醬能為清淡的基本食物（肉類、魚類、穀物和豆類）賦予鮮明的風味以及流連不去的濕潤感，並讓這些食物更加可口。湯是富含風味的液體，通常沒有醬料那麼濃稠，口味也淡一些，本身就可以當成一道菜。高湯是用水把肉類、魚類或蔬菜的精華萃取而出所製成，能用來作為醬料或湯的基底。

現在你幾乎可以買到各種現成的醬料，不論是義大利、中國、墨西哥或是印度等異國風味的菜餚，幾乎可以立即完成。不過，有許多醬料只需幾分鐘就可以完成，還有些醬料的作法也沒有傳言的那麼困難或費時。自製醬料比較新鮮，因此比買來的現成品要好吃得多，而且你還可以針對自己的喜好，自行研發新口味。我的女兒在 12 歲時就負起製作家中美乃滋的大任，這樣她就可以把美乃滋做成帶有蒜味的蒜泥蛋黃醬，而且她也做得很開心，樂於端上餐桌服務全家人。

醬料的確得花費心力與時間才能做得好。我不常熬煮小牛或牛肉高湯，然而每當我煮的時候都會覺得驚奇，因為我能夠把這麼一鍋肉屑、骨頭和水，慢慢調製成金黃、澄澈而濃郁的高湯，裡面有著細緻的肉類精華。也或許因為我有一部分印度血統，我喜歡以風味對比的食材來製作醬料：集結了十數種蔬菜、香料、香草和核果，壓碎、烘烤並熬煮之後，把風味融合成亞洲咖哩或是墨西哥什錦醬。一般烹飪書便可提供無數種調製醬料的食譜，而本章要介紹的，是最常使用的醬料，從簡單的沙拉醬和沾醬，到經典法國料理會用到的基礎高湯和醬料。至於巧克力醬和焦糖醬，請見第 464~465、477~478 頁。

# SAUCE AND SOUP SAFETY
# 醬料與湯品的安全

許多醬料與湯都是適合細菌與黴菌生長的環境。肉類和魚類高湯的環境，非常接近實驗室中培養細菌的培養基！這兩者都非常容易腐敗，如果沒有好好處理，會引起食源性疾病。

盡量減少細菌在其中生長的機會，包括處理和端出醬料和湯品時。

雙手、器皿和食材都得徹底清洗乾淨，尤其如果處理的是生的沾醬和沙拉醬，更要格外留心。

在製作美乃滋時，為了避免遭受到沙門氏菌的污染（雖然機會不高），最好採用高溫消毒過的雞蛋，而非一般生雞蛋。

醬料、沾醬、湯品在室溫下放置的時間不要超過四個小時，如果要延長在餐桌上取用的時間，要讓熱醬料與湯品溫度維持在55℃以上。沾醬則要放置在冰塊上方，或是保留一部分在冰箱中稍後再端上。至於油醋醬料中的醋可以抑制微生物生長，因此可以安全地保存在室溫下。

隔餐的醬料和湯要重新加熱到73℃以上。如果加熱會使醬料油水分離，那麼用分離後的醬料重新製成新的醬料，不然就丟掉。雞蛋和奶油做出的醬料不適合重新加熱。

每隔幾天就把冷藏的肉類或魚類高湯重新煮滾，這種高湯就算是放在冰箱裡也很容易壞。若要延長保存期限，最好冷凍。

# SHOPPING FOR PREPARED SAUCES AND SOUPS
## 購買現成的醬料與湯

　　現成的醬料、沾醬、高湯和湯有各種不同的變化與形式,有的是新鮮的,有的則經過殺菌,保存期限非常長。

　　**肉類高湯**也稱法式高湯,通常要花數個小時才能煮好,因此現成的製品特別好用。這類高湯通常是罐裝,也有濃縮成膠狀(稱為肉湯釉汁或半釉汁)或黏稠深色的糖漿狀(肉類萃取物),還有完全脫水而製成粉末狀的(法式高湯粒或湯塊)。這類產品品質的好壞差距很大。

　　購買時檢查標籤,成分中的食材最好大多來自可辨認的食物。許多製造商會用特殊的工業化食材來取代複雜又昂貴的肉類、蔬菜和香草。這些天然食物的仿製品,通常沒有那麼好。

　　為這類現成的產品提升風味,通常只要添加一些新鮮食材,例如香草、優質橄欖油或醋。

# STORING SAUCES AND SOUPS
## 保存醬料與湯

　　大部分的醬料、沾醬和湯都很容易敗壞,油醋醬例外,但是油醋醬的風味也會隨著時間而變質。

　　如果醬料、沾醬和湯品的原料中含有任何形式的高湯、蔬果泥、乳製品或雞蛋,那麼都需要冷藏或冷凍才能保存。

　　若有大量的高湯或湯品需要冷藏,可以先放在冰塊上冷卻,或是分

成小份，這樣就可以快速冷卻了。

　　醬料、沾醬和湯若要存放好幾天，那麼就得冷凍，並以用保鮮膜緊貼著液體表面，以減少冷凍而造成的風味流失。

　　**醬料如果有使用奶油或雞蛋來增稠**，一經冷藏或冷凍便可能油水分離。你可以先把油與水的部分分開，然後用一顆新鮮的蛋黃重新混合油與水，或是取出原先的液體部分重新製作醬料。

# THE ESSENTIALS OF COOKING SAUCES: FLAVOR
# 醬料製作要點：風味

　　醬料能夠提供風味，包括舌頭感覺到的味道以及鼻子感受到的香氣。香氣有好幾千種，但是味道只有幾種：鹹味、酸味、甜味、苦味和甘味。味道是風味的基礎，香氣則是風味的上層結構。

　　要確定醬料在味道上是扎實而平衡的，特別是鹹味與酸味的平衡。許多廚師常會忽略酸味。若要快速增加酸味，可以使用檸檬酸或酸味鹽。

　　**鹽**不只能提供鹹味，還能使香氣增強，即使在甜的醬料中亦然；鹽還能遮蓋苦味。製作醬料時要使用磨細的鹽，這樣鹽才能迅速溶解，這在製作美乃滋這類乳化的醬料時尤其重要。

　　醬料的風味要夠強烈。醬料一向是搭配風味比較清淡的食物，因此風味要足夠，搭配起來才好吃。

　　製作醬料試吃時要嚴格，並仔細調整風味，使之強烈而平衡。試吃時要讓醬料散布到整個口腔，而不是只用舌尖嘗一嘗。醬料的風味應該要飽滿，而且讓你滿口生津。

讓別人來嘗嘗醬料的調味。每個人味覺和嗅覺受器的組合都不同，對於食物的感受也不同。找出你自己對於哪種味道特別敏銳或遲鈍，然後再根據這樣的味覺來調味。

不要把醬料調得太黏稠。澱粉、蛋白質、脂肪和其他會增稠的食材，會讓風味無法發揮出來。記得，醬料一旦上桌且放涼之後，會變得更加黏稠。


# THE ESSENTIALS OF COOKING SAUCES: CONSISTENCY
# 醬料製作要點：黏稠度

醬料黏稠度的誘人之處，在於醬料在食物上流動的樣子，以及入口之後的口感。大部分的醬料都比水黏稠，所以能夠附著於食物，並在口中帶來流連忘返的愉快感受。

**有些食物本身就是黏稠的液體**，可謂天然的醬料，例如蔬果泥、油、蛋黃、鮮奶油、酸奶油和法式鮮奶油、優格以及奶油等。

**為稀薄而風味濃郁的液體增稠**，我們可以添加一些讓液體不易流動的食材。

**能為醬料增稠的主要食材**是麵粉和各種澱粉；雞蛋、肉類、貝類和乳製品中的蛋白質；以及脂肪與油。油脂經攪打後會變成十分細小的油滴（這個過程稱為乳化），能阻止水在醬料中流動。

調整熱醬料的黏稠度時，記得要調得要比食用時的黏稠度稍稀。因為醬料在冷卻時會變得比較黏稠，所以如果調得太濃稠，食用時就會黏附在盤子上。

**製作醬料的失敗原因**，通常是因為油水分離，或是一開始就沒有增

稠。此時醬料會呈現油和水混合不均的狀態，甚或摻雜著團塊。

如果要避免澱粉結塊，絕對不要把乾的麵粉或澱粉直接混入熱的醬料。這些粉狀食材要先和冷水或是冷的油脂混合，然後再把這泥漿般的混合物倒入醬料。

如果要避免蛋白質結塊，只要黏稠度出來就要停止加熱，因為蛋白質是對溫度敏感的增稠物。再繼續加熱就會結塊。處理蛋黃或是其他類似食材時，可以先加入少許中溫醬料，把蛋黃打散，然後加熱，最後才把醬料和增稠物混合在一起，慢慢加熱直到黏稠度出來。

如果要避免油水分離，要慢慢加水攪打醬料。水的分量得足夠，好讓油脂有足夠的空間形成小油滴。醬料保持一定的溫度，好讓油脂維持液狀。

如果要挽救已經油水分離的醬料，可以用細篩子過濾其中的結塊，或是用果汁機稍微打一下。也可以過濾乳化的醬料，撇除分離出來的油或脂肪，然後重新乳化一次。

# FLAVORED OILS
# 調味油

調味油的用途廣泛，能迅速為菜餚增添香氣與豐潤口感，通常是在最後才添加。做法可以非常簡單：將各種香草、香料、柑橘皮等芳香食材浸入油中，之後再把油濾出就大功告成了。

**生的食物浸泡在油脂中，容易滋生肉毒桿菌。**肉毒桿菌在土壤中很常見，因此也可能出現在農產品表面，一旦處於空氣隔絕的環境就會開始生長。肉毒桿菌會引起非常嚴重的症狀，有時甚至會死亡。

在調味食材中加入鹽或是檸檬酸會使食材出水，進而抑制細菌的生

長。乾燥的香料和柑橘皮所含的水分太少，不足以讓微生物生長。

調味油在浸泡與儲存時，得存放於冰箱，而不是室溫下。低溫會限制細菌的生長，同時也能減緩油變味的速度。

調味油在一兩週內就得用完。

# DIPS
# 沾醬

沾醬是食物入口前所沾的醬料，有美乃滋、酸奶油醬、鱷梨沙拉醬、莎莎醬、豆泥和堅果泥，以及以醬油或魚露為基底快速製成的沾醬。

製作與端上沾醬時，要盡量避免細菌滋生，以及引起疾病的機會。

沾醬不可在室溫下放置四小時以上。倘若一餐或是宴會的長度超過四小時，那麼就把沾醬分成兩三份，事先放在冰箱中，每次只端出一份，必要時再更換。

食物咬過之後，不要再去沾點醬料，這會使一個人口中的微生物透過沾醬傳給其他人。沾醬也可以放置在一口就能吃下的洋芋片或是蔬菜片上。

# SALAD DRESSINGS AND VINAIGRETTES
# 沙拉醬和油醋醬

　　沙拉醬大多結合了油脂的豐富口感，以及醋或柑橘果汁還有白脫牛奶或酸奶油的刺激感。最簡單的沙拉醬就是把油、醋、鹽和香草混合起來，並讓小醋滴懸浮在油中。以美乃滋或鮮奶油為基底的沙拉醬，則是讓小油滴懸浮在水基溶液之中。

　　和新鮮的沙拉醬比起來，市售的沙拉醬通常是加入三仙膠來增稠，而較少用油。

　　在上菜之前才淋上沙拉醬，因為沙拉醬會使得綠色蔬菜凋萎。

　　如果要讓生菜沙拉的翠綠狀態維持更久，就選用水基的奶油醬或是美乃滋，因為油醋醬會使菜葉的顏色更快變黑。

　　「**煮醬**」是一種不含油的醬料，能夠搭配涼拌菜絲和其他生菜沙拉。這種醬料是把醋稀釋調味之後，加入麵粉和雞蛋增稠所製成的。

　　製作煮醬時，要用文火緩緩加熱食材，一但醬料變得濃稠就熄火，以免醬料過稠而結塊。

　　**油醋醬**以油和醋製成，通常會加入香草來增添風味，用途廣泛，是最簡單的沙拉醬。義大利的青醬、加勒比海地區的醬料（mojo），以及阿根廷的香料辣醬（chimichurri），都是用來搭配肉類的油醋醬。

　　依照自己的口味調整油醋醬中油和醋的比例。傳統上醋和油的比例是1：3，但是許多現代的食譜中比例則接近1：2。如此一來，風味的平衡是由醋的酸度來決定的，而醋酸在醋中的比例從4%~8%都有。你可以試試各種不同的食材組合：堅果油、動物脂肪、不常見的醋，或是酸的果汁。

　　**油醋醬有不同的製作方式**，不過都會把醋打散成為懸浮在油中的小醋滴。你可以慢慢把醋打進油裡，或是把油打進醋裡；或是在密封容器

中裝入油和醋之後，用力搖動；也可以用果汁機攪拌。

簡單的油醋醬可以在淋上沙拉之前製作。

攪拌好的油醋醬會在幾分鐘之內就分成油和醋兩部分；或者你也可以直接把油和醋灑在食物上，然後直接攪拌食物，讓油醋混合在一起。

如果要製作比較穩定的油醋醬，可以在醬中加入壓碎的香草或是芥末（粉末或現成的都可以），這些食材會包裹著小醋滴，減緩醋滴重新聚集的速度。也可以用果汁機打散，如此醋會打成非常小的醋滴，減緩重新聚集的速度。

# MAYONNAISE
# 美乃滋

美乃滋也是油和酸組成的醬，但是很濃稠，可以直接塗抹在麵包上。它主要的食材是少量的水（通常是稀釋檸檬汁），裡面擠滿了成千上萬個小油滴。最重要的食材是蛋黃，在我們打出小油滴時，蛋黃中的蛋白質和乳化劑會包裹著小油滴表面，阻止油滴重新聚在一起。

和油醋醬一樣，美乃滋也可以用不同的油、脂肪、酸性液體和香料製成。廣受歡迎的蒜泥蛋黃醬就是加了大蒜的美乃滋。美乃滋可以用手持攪拌器打成，也可以用果汁機或食物處理機攪打。

生蛋黃中含有沙門氏菌的機會很低，但是為了消除這個風險，你可以採用高溫殺菌的雞蛋，或是自己消毒蛋黃。把蛋黃放在小碗中，每個蛋黃加上 15 毫升的檸檬汁和水，然後整碗放入微波爐，用高功率加熱到將近沸騰。之後取出碗來，用乾淨的叉子迅速攪動，再放回去加熱，然後再拿出來用乾淨的叉子攪動，直到溫度降成微溫為止。之後就可以拌入油，製成醬料。

不用擔心蛋黃和油的比例，光是一個蛋黃就足以包裹許多杯油所產生的油滴。

不過要注意液體與油的比例。當你把油混入雞蛋時，一旦覺得醬料變得太黏稠（這表示油滴太多太擠了，液體不夠），就加入 5 毫升的檸檬汁或水。

用橄欖油來作美乃滋時要小心，這種美乃滋在幾個小時之後就會油水分離，原因是非精製橄欖油中所含的雜質，會慢慢地把讓小油滴穩定的包膜推開。如果要製作比較穩定的美乃滋，可用精製的蔬菜油當原料，要上桌之前再加入橄欖油，就會有橄欖油的風味了。

製作美乃滋一開始時要慢慢來，好確定油滴分散進入蛋黃中，而不是蛋黃分散進入油之中。在碗中放入蛋黃，加入鹽和 5~10 毫升的水之後充分混合，接著每次加幾滴油進去，繼續攪拌到看不到油為止，再加幾滴油繼續攪拌，如此反覆直到整個混合物變得結實。之後再加幾滴檸檬汁或水將混合物稀釋，繼續攪拌，此時就可以加比較大量的油，好讓醬料的體積增加。

倘若你加入油之後，醬料變得稀薄，可能是油水分離了。這時停止動作，把水和油滴到醬料表面。如果油很快就溶了而水卻沒有，那麼就是油水分離了。這時加入一個新鮮蛋黃，慢慢地把油水分離的醬料打入蛋黃。

如果你用攪拌機或食物處理機，注意不要攪拌過頭，這會使得醬料變熱而油水分離。最後的油加入之後就立即關掉馬達。用機器調理的美乃滋食譜通常都會要你加入蛋白和芥末，以提供更多包裹油滴的材料。

要挽救油水分離的美乃滋，加入一個新鮮蛋黃，然後小心地把分離的醬料打入蛋黃。

# FRESH SALSAS, PESTOS, AND PUREES
## 新鮮莎莎醬、青醬與蔬果泥

　　許多廣受歡迎的醬料，只是把固態的蔬菜和水果組織弄碎，然後把碎片和蔬果的汁液混合在一起。如果這些固態組織只是粗略地剁切，通常叫做莎莎醬（salsa），把香草切得很碎叫做青醬（pesto），如果再切得粉碎細滑則稱為蔬果泥（puree）。

　　**用不同的工具把食物打碎，會造成不同的質地與風味**。打碎得越徹底，醬料的質地就越細緻，醬料的風味也就越容易受到食材中酵素活性以及空氣對於食材的影響。

　　為了保留青醬或其他新鮮香草醬料中的新鮮食材風味，製作時以刀子或是杵臼把食材弄碎，而不要用果汁機，如此才能讓植物的細胞組織保持完整。

　　用番茄製作莎莎醬或其他醬料時，要把番茄的籽也納入，倘若要濾出籽，記得要把籽周圍的膠狀組織保留下來加到醬料中，因為這些組織是番茄中最具風味的部分。

　　洋蔥和大蒜用大量的清水沖洗，以去除切面產生的刺激風味。

　　**沒有煮過的莎莎醬、青醬與蔬果泥的風味與濃稠度**，比起煮過的醬料，都較不易維持。

　　要上菜之前才製作這些新鮮的醬料。一旦植物組織受到破壞，氧氣和不受控制的酵素便會開始改變食物的風味，顏色也會開始變黑。

　　如果你事先做好了新鮮醬料，可放入冰箱冷藏。用蠟紙緊貼著醬料表面；一般的保鮮膜還是會讓空氣進入，阻絕空氣的效果較差。如果醬料變了色，把變色的表面刮去之後再上桌。

　　若要避免新鮮的蔬果泥滲水，可以加一點三仙膠（一種常用在不含麩質烘培食物的食材）。把三仙膠粉末輕輕撒在蔬果泥上，三仙膠會吸

收水分，在表面形成類似果凍的物質，然後再使勁把這些果凍攪進醬料
之中。

## COOKED PUREES, APPLESAUCE AND TOMATO SAUCE, AND CURRIES AND MOLES
# 烹煮過的蔬果泥、蘋果泥和番茄醬，以及咖哩醬與墨西哥什錦醬

　　烹煮過的蔬果泥通常是把食材加熱之後才打成泥，或是在打成泥的
過程中加熱。熱可以讓結實的水果和蔬菜變軟，讓其中的汁液釋放出
來，產生香味，並且使水分蒸發讓蔬果泥更濃稠。

　　製作以胡蘿蔔、花椰菜、甜椒和其他實心蔬菜的蔬果泥：

　　·把洗好的蔬菜煮到軟。沸煮、蒸煮或是用微波爐煮，是速度快而
且最不容易改變食材風味的加熱方式。以奶油或油慢炒出汁，可以增加
風味與口感；用烤箱烘烤則會添加褐變的焦香味。

　　·把蔬菜打成泥，必要的時候過濾。比起用食物處理機或是食物碾
磨器，果汁機打出來的泥會更滑順。

　　·用果汁機攪拌熱的液體時要小心，避免熱液體突然噴出而燙傷。
每次只打一點點，而且食材的高度不要超過果汁機瓶身的一半，蓋子留
些空隙，讓蒸氣能冒出來，並在開始前先快速打一下，再正式啟動。

　　·如果要讓醬料變得更濃，可以慢慢加熱，使用平底鍋，讓水分蒸
發的面積加大，同時要常常攪拌與刮鏟底部，以免鍋子底部燒焦。

　　**蘋果和番茄**在煮熟以後，可以軟爛到直接成為果泥。

　　用軟的蘋果或番茄製作果泥：

　　·烹煮時不要去皮去籽，果皮和種子能夠提供大量的風味。

・切塊以便加速烹煮的速度，而且也容易攪動。

・番茄要用廣口的鍋子來煮，讓水分蒸發的面積加大。

・鍋子中加少許水，加熱的時候要小心以免鍋底燒焦。

・水滾時蓋上鍋蓋，火轉小，把食物煮軟到能夠壓扁的程度。把蘋果粗略壓成團塊，然後繼續用小火煮到軟爛。

・再把果泥放入食物碾磨器過篩，讓果皮和種子分離。

・番茄要不斷烹煮，除去過多的水分。

・經常攪動，以免番茄都停留在同一個地方，這樣鍋底才不會燒焦，整鍋番茄也才會煮得均勻。你也可以把整鍋番茄放到中溫的烤箱中，然後不時攪動。

・如果要縮短或是免除烹煮的時間，可以把番茄切片，先在中溫的烤箱中烤乾一些。

**印度與泰國的咖哩醬與墨西哥的什錦醬**，風味繁複，主要是把蔬果煮成軟爛潮濕的泥狀物之後，再以當地特有的油來油煎。

一般咖哩的食材包括洋蔥、新鮮香草與香料，還有新鮮的椰子。墨西哥什錦醬的食材則有泡過水的辣椒乾。

為了讓咖哩醬與墨西哥什錦醬的風味充分發揮出來，這些醬料要小心煮去水分，直到油水分離並且浮一層油在醬料上面。之後繼續以中火烹煮，並且持續攪動，直到醬料顏色變深且嘗起來滋味豐富飽滿為止。

這類醬料要在戶外的烤架或是爐子上製作，如此這些辛辣的氣味和噴濺物才不會阻礙風味的發展。

# CREAM AND MILK SAUCES
# 鮮奶油和牛奶醬

鮮奶油本身就是一種醬，這是因為裡面含有許多油脂小滴，有著豐富的風味與結實的口感。把大量奶油加入蔬菜泥或是以澱粉增稠的液體，就成了奶油醬。

許多醬料在最後加入少許奶油，風味就會變得更美味。新鮮鮮奶油、以酸來增稠的醬料、酸奶油和法式鮮奶油，都能與許多鹹或甜的調味料及食物搭配。

**鮮奶油在醬料中加熱時有可能凝結成塊，裡面的油脂也有可能會滲出來。**

如果要避免結塊，可使用高脂鮮奶油（油脂含量 38~40 ％），或是避免讓鮮奶油接觸到高溫。在醬料即將完成、已經烹煮完畢之時，最後才加入酸奶油或是其他的低脂奶油。

如果要避免油水分離和油膩感，可以使用非常新鮮的鮮奶油、均質化鮮奶油或法式鮮奶油。如果盒子裡有脂肪塊浮著，那使用剩下的液體就好；脂肪塊用起來跟奶油差不多。

**牛奶很稀，無法直接當成醬料，但是可以加入澱粉**，製成白醬（牛奶本身主要用來提供水分），還能讓焗烤之類的菜餚產生焦香的表面。白醬也可以拿來作為舒芙蕾和可樂餅的食材。用來作為增稠食材時，白醬的脂含量比鮮奶油少，口感則更滑潤。

白醬的製作方法：把麵粉加到奶油中文火慢煮，直到不再冒泡且產生香氣，然後慢慢把牛奶加入鍋子哩，小火熬煮 15 分鐘。煮的時間越久，醬料會越稀薄、質地越細緻。

# CHEESE SAUCES AND FONDUE
## 乳酪醬和乳酪鍋

乳酪醬是把乳酪融化，將固態乳酪打入熱液體所製成。由於乳酪中含有大量蛋白質與脂肪，做出來的醬料風味豐富、質地豐厚，但是也因為這樣子而容易變黏、結塊和滲油。

製作乳酪醬或是乳酪湯品時，用刮擦而下的乾乳酪或是濕的乳酪，這樣的乳酪比起切達乾酪和瑞士乳酪容易在水中散開。

避免乳酪在醬料與湯品之中結塊與滲油的方法：

把乳酪削細。

把細乳酪加入高溫但是未達沸騰的液體中。

盡量少攪動，以免蛋白質產生黏性。

加入一些麵粉或澱粉，以免蛋白質結塊或是滲油。

**乳酪鍋**是一種以乳酪為基底，加入葡萄酒及其他液體稀釋的醬料，食用時以小火加熱，讓乳酪融化並且保持溫度。乳酪火鍋可能會變得很黏而牽絲或是太稠。

記得要加入酸的白酒或是檸檬汁，**酸性能阻止黏性形成**，也要加一些麵粉和澱粉。

如果乳酪鍋因為失去水分而變得稠，可以加一些白酒來改善。

# BUTTER SAUCES
## 奶油醬

奶油能製成濃郁而風味十足的抹醬或醬料，或是加入其他食材製成調和奶油或是發泡奶油，也可以加入蛋黃來乳化。

**溫度對於奶油與奶油醬的質地影響很大。**在冷藏的溫度下，奶油硬到足以擦破麵包和餅乾；室溫下則軟到足以塗抹開來；一旦到達體溫以上，就變成液體。液態奶油醬如果沒有保持溫暖，就會凝結然後碎裂。

若要避免奶油醬很快就凝固，要預熱盤子，並且趁熱上桌。

**奶油白醬**是以奶油滴乳化葡萄酒與醋（或檸檬汁）的混合液。奶油白醬就相當於以酸味鮮奶油搭配雙倍奶油的高脂鮮奶油。

製作奶油白醬時，一開始取少量的液體食材，在低溫之下加熱，然後加入奶油塊，持續攪動，讓奶油塊慢慢融化。

無需擔心奶油的比例問題，因為奶油本身有足夠的水分能讓奶油的脂肪小滴彼此分開，所以奶油塊可以一直加。

製作好的奶油白醬要維持在 45~50℃的溫度，加上蓋子，或是隔一陣子加一匙水或是鮮奶油，以補充蒸發掉的水分。

**乳化奶油**（beurre monte）是沒有酸味的奶油白醬，是以雙倍奶油的高脂鮮奶油所製作出的即食鮮奶油，做法和奶油白醬一樣，只是一開始用的是水。

乳化奶油可以用來代替奶油，以中溫烹煮細緻的食物或是淋在煮好的蔬菜上。它具有奶油的風味，又擁有鮮奶油的濃稠度，而且不會有油膩感。

**荷蘭醬**（hollandaise）、**蛋黃醬**（bearnaise）**等其他類似的醬料，**都是將奶油滴在水中乳化而成，不過水基溶液的部分要先由蛋黃的蛋白質來增稠。這類醬料製作的困難之處在於需要小心加熱，要能剛好使得蛋白質變得濃稠但是又不至於凝固。

荷蘭醬或蛋黃醬的做法：

．把蛋黃基底加熱到剛開始變得濃稠，根據食譜的不同，溫度約在50~60℃之間。

．倘若食譜指示，要在加入無水奶油之前先加熱蛋黃，就得特別留意。蛋黃很容易凝結，所以不可以直接加熱（只能用小火隔水加熱），或是用非常微弱的文火直接加熱，並且不時把煎鍋移開再放回，以免加熱過頭。

．有種簡單而且萬無一失的製作方式：先把有風味的液體煮好，然後把這些液體和其他食材都放到一個冷鍋子中，冷的奶油要切成小塊。把鍋子放在小火上然後開始攪拌。當奶油融化的時候，整鍋液體會變得稀薄。持續加熱與攪動，直到醬料變成你要的濃稠度為止。

製作好的蛋黃奶油醬要維持在 45~50℃的溫度下以保持穩定，蓋上蓋子，或是隔一陣子加一匙水或鮮奶油，以補充蒸發掉的水分。

如果蛋黃奶油醬凝固了，可以把固體的蛋白質顆粒濾掉，然後在低溫下慢慢打入一顆新鮮蛋黃。

或是把醬料放到預熱好的果汁機中，加入少量溫水或蛋黃，稍微攪拌一下，過濾後以溫的碗盛裝。

# EGG-YOLK SAUCES: ZABAGLIONE AND SABAYONS
## 以蛋黃為基底的醬料：薩巴里安尼與沙巴雍

蛋黃本身就具有醬料中乳脂般的稠度，在某些日本料理中，蛋黃甚至直接拿來當做沾醬使用。

**薩巴里安尼與沙巴雍**是泡沫狀的濃郁醬料，做法是將空氣打入蛋黃與風味液體的混料中，並在這過程中一面加熱。薩巴里安尼與甜的沙巴雍醬中，含有糖、甜酒或是果汁。鹹的沙巴雍醬則含有肉類或魚類高湯。

在邊打發混料邊加熱時，要非常小心。即使是在遠低於離沸騰溫度的情況下（依照食譜的不同，最低可能只有 60℃），蛋黃裡的蛋白質就可能開始凝結，讓混料變得濃稠而開始膨脹。

為了避免鍋底產生凝結物，混合物得放在中溫的熱水浴中加熱，不

要直接用滾水或爐火加熱。

若要製作出具有流動性的醬料，就要持續攪拌、加熱，直到混料的濃稠度和高脂鮮奶油類似為止。不過可流動的沙巴雍醬中，泡沫會持續減少，因此最好立即上菜。

要製作最穩定的蛋黃泡沫，就要持續攪拌加熱到混料的濃稠度足以在鍋底成形為止。

蛋黃泡沫醬料放置了一陣子便會滲出液體，你可以輕輕地把這些液體重新打入醬料，但注意不要毀了泡沫，也可以直接把液體上的泡沫舀出使用。


# PAN SAUCES
# 焦香醬料

焦香醬料是肉類或魚類在煎炸或烘烤完成之後，取出固體食材直接以鍋中的剩餘物為基礎製成的，包括了食物釋出的汁液和黏附在鍋底的焦香物質。加入液體溶解鍋底這些焦香物質，就成了風味十足的褐色液體。這些稀薄的焦香液體可以直接當成醬料，也可以加入脂肪或含有明膠的高湯來增稠。

製作焦香醬料的方式：

· 將鍋子中的汁液和油脂倒出來靜置，待油脂浮在汁液上方之後，把油脂撈除。

· 如果要用麵粉或其他澱粉來增稠，將之放入鍋中，與殘餘的油脂一起加熱到發散出烘烤的香味。如果要讓醬料的顏色與風味加深，可以把麵粉加熱到呈現褐色。

· 把葡萄酒、啤酒、高湯或水，以及之前濾除油脂的汁液倒入鍋中，

再把鍋中褐變的固體殘餘物溶掉。葡萄酒會帶來酸味與甘味，高湯則會帶來甘味，其中的明膠也會讓醬汁變得濃厚。如果這些口感與風味需要加強，就持續加入煮液，待沸騰後把水蒸發掉。

　・藉由不斷沸煮來調整醬料的分量與濃稠度，或是加入其他食材，讓醬料分量增加，或是更為濃稠與濃郁。

　・如果加入奶油或是鮮奶油，可讓焦香醬料的口感變得更加濃郁與濃稠。把鍋子從爐子上移出放涼，然後放入奶油塊攪拌，就成為焦香版本的奶油白醬，也可以改加入酸奶油。如果是以焦香醬料來製作高脂鮮奶油和法式鮮奶油，那麼即便是加熱到沸點也不會發生油水分離的現象。

　・製作焦香醬料時，要在所有食材都加入之後才加鹽。

　如果以奶油來增稠，那麼醬料就要保持溫暖，以免凝固而導致油水分離。

# GRAVIES AND STARCH-THICKENED SAUCES
# 肉汁與加入澱粉增稠的醬料

　肉汁醬是以澱粉類食材而非奶油或鮮奶油來增稠的焦香醬料，澱粉類食材可以是純澱粉或是麵粉。

　許多其他種類的醬料（包括傳統上已肉類高湯作為基底的醬料），也都是用澱粉來增稠的。

　澱粉顆粒在液體中加熱時，會吸收水分而膨脹，釋放出長而糾結的澱粉分子，這會使得液體變得濃稠。

　**不同澱粉製作出來的醬料特性也不同。**麵粉做出來的醬料混濁，純

化過的玉米、竹芋等其他植物的澱粉做出來的就比較澄清。至於馬鈴薯和木薯粉或澱粉做出來的，則會略帶黏性。

**不同澱粉增稠強度也不同**。比起小麥麵粉和玉米澱粉，根莖類食物（馬鈴薯、竹芋、木薯）的澱粉和粉末在較低溫時，就可以讓醬料變得濃稠，而且風味溫和，很適合在最後的時候加入增稠。不過做出來的醬料若經重新加熱或冷凍，稠度降低。

若想取代麵粉或澱粉，三份的**麵粉或馬鈴薯粉**，可置換成兩份純澱粉和一份馬鈴薯或木薯澱粉。

乾麵粉或澱粉絕對不可以直接加入熱的醬料中，這些增稠物會結塊，而且幾乎不可能均勻地分散開來。這類食材要先和油脂、溫的醬料或是清水混合，好讓顆粒分散開來。

若要麵粉產生誘人的風味。加入醬料之前，可以先在烤箱中以中溫加熱成金黃色，或是和油脂一起加熱製成奶油麵糊（roux）。

奶油麵糊的製作方式：在爐火上加熱麵粉或是澱粉，同時加入相同分量的奶油、油或是烘烤後剩下的脂肪，直到出現想要的風味與顏色為止，可以是風味細緻的淺黃色，或是氣味濃厚的深褐色。深色的奶油麵糊可能會有些苦味，增稠能力也只有淡色的一半。

奶油麵糊直接加入醬料攪拌就可以增加濃稠度，不需要先和少部分醬料混合。

如果要快速地或是在最後一刻調整醬料稠度，可以加入奶油麵團（beurre manie）或是澱粉漿。也可以使用現成的「速溶麵粉」，這種麵粉中的澱粉已經煮過，能夠快速增稠。

使用一般麵粉增稠，可以先將麵粉和奶油揉製出奶油麵團，然後分成小塊，直接放入醬料中加熱攪開。

使用澱粉和即溶麵粉增稠，要先加入溫的醬料或是溫水，把粉末製作成濃稠的懸浮液體或是漿體，然後把麵漿攪入醬料。

要調整醬料的稠度時，用小火熬煮，加入奶油麵糊、奶油麵團或是麵漿，持續加熱到變得濃稠為止，必要時再加入更多增稠物。煮太久會讓澱粉分解，而使得醬料又變得稀薄。

為了保持醬料的最佳風味以及食用時擁有最佳稠度，加入的增稠物要盡量少，讓醬料在鍋子中處於較稀薄狀態。增稠物會掩蓋醬料風味。用澱粉增稠的醬料冷卻時會比較容易變稠，因此過度增稠的醬料放入盤中時便會結塊。你可以舀一匙醬料放在溫熱的盤子上，測試這樣的稠度是否適合上桌時食用。

# MEAT STOCKS, REDUCTIONS, AND SAUCES
# 肉類高湯、濃縮高湯與醬料

**肉類高湯**是肉類醬料與湯品的基底食材，湯中含有從肉類萃取出的風味物質和明膠。明膠是從肉類的結締組織、骨頭與皮所溶出的一種蛋白質，能作為增稠劑，使醬料和湯的口感較為濃稠。

**肉類濃縮高湯**，包括「釉汁」與「半釉汁」，都是把高湯煮滾濃縮後製成的，其濃稠度就相當於醬料，甚至更濃。濃縮高湯的風味強烈，含有很多明膠，因此冷卻時會變成固態果凍般透明，可以用來當作肉精，或是增加醬料、湯品和其他菜餚的風味。

**肉類醬料**是以高湯或濃縮高湯為基底，再加入具有香氣的蔬菜、香草、葡萄酒或肉類所製成，通常還會加入澱粉來增稠。這種高湯變化多端，有速成食譜，也有耗工費時的。

搭配烤肉的速成肉類醬料可以這樣製作：把烤肉的殘屑和香味蔬菜（洋蔥、胡蘿蔔、芹菜）一起炒到焦黃，然後加一點葡萄酒和水、香草和胡椒，一起熬煮到風味都萃取而出，接著把固體食材取出，煮滾以稍微收乾水分，再用奶油或是奶油麵糊增加稠度。

**如果要製作風味十足、口感實在的高湯**，可以把肉和骨頭一起燉煮

幾個小時。

**肉類能夠提供風味，但是明膠比較少。**小牛肉能產生溫和、一般的肉類風味，至於其他的肉類風味就各具特色了。成熟的老母雞比年輕的仔雞更具風味。

**骨頭能提供大量明膠，但是風味比較清淡。**年輕動物的關節（小牛膝和豬腳）有很多軟骨能提供很多明膠，豬和家禽的皮也是。

準備製作高湯的食材：

・把骨頭浸到冷水中，以去除殘留的血。

・把生肉、骨頭、皮洗乾淨以去除怪味。肉切成薄片，骨頭打破，以增加水和食材的接觸面積，萃取出更多風味。

・要準備一般的白色高湯，先把生的肉、骨頭和皮稍微燙到表面變色以去除怪味，並保持湯的澄清。可以把一鍋冷水迅速燒開，食材燙好後沖洗乾淨。

・棕色高湯的顏色與風味來自於烤肉。把生的肉、骨頭、皮和蔬菜在高溫烤箱中烤到褐變，黏在烤盤底部的焦香物質再以水溶出，然後加到煮高湯的鍋子中。

製作肉類高湯的方式：

・準備適量肉和骨頭，加水到剛好可以蓋過的分量，通常一公斤的食材需要 1~2 公升的水。水太多高湯的風味就淡了。

・在不加蓋的情況下熬煮，不要加熱到沸騰。沸騰冒泡會使得蛋白質和脂肪變成小顆粒，讓高湯變得混濁。輕輕攪動水，好讓小顆粒聚集在表面或是沉到鍋底。不加蓋能使高湯的表面冷卻，並讓蛋白質的浮渣變乾，且使高湯濃縮。

・把表面的浮渣和顆粒撇除。

・在最後一個小時才把香味蔬菜、香草和葡萄酒加入。胡蘿蔔和洋蔥能同時提供香味與甜味。

・依照肉的類別來調整加熱時間長短。家禽高湯需要 1 個小時，小牛肉、羊肉、豬肉要 4~8 個小時，牛肉要 6~12 小時。年老動物的肉和骨頭要熬煮的時間比較長，才能萃取出明膠。若有必要，持續加水好讓

食材浸在水面下。

　·如果想節省時間一次煮好幾公升的高湯，就要使用壓力鍋。要等壓力鍋完全冷卻之後才放氣與打開蓋子，以免湯突然沸騰並且攪動食材變得混濁。

　·煮好之後用濾布過濾高湯，過濾時不要擠壓食材以免湯汁混濁。用杓子撈湯也是個好方法，如此可以讓大部分的固體食材留在鍋中。

　·如果要去除油脂，把高湯冷藏，然後刮除表面凝固的脂肪。倘若時間有限，把高湯靜置一下，然後用湯匙把表面的浮油撇除，或用餐巾紙吸走。

**如果要讓高湯濃縮**，可在爐子上用小火熬煮數小時，讓體積減到一半以下。如果明膠不足可以用澱粉增加濃稠度，至於風味與顏色則由其他食材來提供。

高湯和濃縮的高湯要冷藏或冷凍保存，並且以保鮮膜貼覆著高湯表面。高湯非常容易酸敗，如果要保存一週以上就得冷藏，或是每隔幾天就煮滾一次。冷凍時，高湯的體積會增加一成，所以容器要預留空間。可以把高湯放在製冰盒中冷凍，這樣的分量很適合用來溶解鍋底的焦香物質。

冷凍高湯和濃縮高湯在解凍前，先用冷水沖洗一下，溶去接觸空氣的表面以去除怪味。

要賦予現成的市售高湯或是濃縮高湯新鮮風味，可以加入香味蔬菜（胡蘿蔔、洋蔥、芹菜）或是香草，稍微煮一下即可。


# FISH STOCKS AND SAUCES
# 魚類高湯和醬料

魚類高湯是以水來萃取魚類的風味物質和明膠，這些魚肉、魚骨與魚皮溶解出來的結締組織，是能使湯汁變得濃稠的蛋白質。

魚類高湯稍微煮過風味最佳，其風味與稠度都比肉類高湯清淡。

魚類醬料可由魚類高湯製成，也可以用煮魚、蒸魚的湯汁來做。

製作魚類高湯或法式魚高湯（fumet）的方法：

・挑選非常新鮮、具有宜人海洋風味的魚肉、魚雜，以及含有大量明膠的魚頭。鰓和脊椎骨上的血管會產生怪味，因此要先去除。

・生的魚肉、魚骨和魚皮大致切塊，浸在冷水中然後沖洗乾淨，好去除會造成變色的血液和食材表面的怪味。

・先把香味蔬菜用油炒軟，蔬菜在短暫的熬煮過程中才能釋放出風味。然後加入魚肉等一起煮到湯成為不透明狀。

・水和葡萄酒的量只要足以蓋過食材就好，分量過多高湯的風味會太淡。

・加熱時不加蓋，維持在熬煮狀態而不要沸騰。

・熬煮時間約為 30 分鐘，煮過久會使得高湯變得混濁，並且帶有粗糙的風味。把高湯表面的浮渣和顆粒撇除。

・高湯熬煮好之後，小心倒出，用細篩子或濾布過濾。

高湯可以在冰箱中冷藏數日，也可以冷凍；冷凍時以保鮮膜貼覆住高湯表面。

冷凍的高湯在解凍前，先用冷水沖洗一下，溶去接觸空氣的表面以去除怪味。

製作魚類醬料時，可加入新鮮香草以增添風味，然後把白醬、鮮奶油或是其他含有蛋白質的食材（蛋黃、篩過的龍蝦卵或龍蝦肝、螃蟹肝或是海膽）攪入增稠。要確保醬料在上桌時會變得濃稠而不至於結塊。

**日式的昆布鮮魚湯**做法簡單、速度又快：用乾的昆布加上細柴魚片（乾燥、煙燻然後發酵過的鰹魚）。將這兩種食材小心浸泡在水中，並調出最佳風味，魚味或草味都不宜過頭。

昆布鮮魚湯的製作方式：

鍋子裝冷水，放入昆布，然後一起煮到滾即可。如果要更有風味，

把昆布在冷水中浸泡一整夜然後加熱到滾，或是在 65℃的溫度下烹煮昆布一個小時。

撈出昆布然後加入柴魚片。柴魚片浸到湯中，待它沉到鍋底時即可。然後立即把做好的湯汁濾出。

# VEGETABLE STOCKS AND COURT BOUILLON
# 蔬菜高湯與速成高湯

蔬菜高湯可以作為湯品與醬料的基礎風味液體，同時也能拿來煮魚、穀物和麵食。

蔬菜高湯的做法：

．準備各種蔬菜、香草和香料，以取得平衡的香氣與風味。胡蘿蔔、洋蔥和韭蔥能提供甜味，芹菜能提供鹹味，蘑菇提供甘味，番茄則提供甜味、甘味與酸味。葡萄酒和葡萄酒醋可以提供酸味和其他各種層次的香氣。

．避免使用風味強烈的蔬菜，特別是含有硫的甘藍菜等相近的蔬菜（球芽甘藍、花椰菜、羽衣甘藍）。馬鈴薯和其他含有大量澱粉的蔬菜會使得高湯變得混濁濃稠。

．把蔬菜切成小塊或是削成薄片，也可以用食物處理機大致切碎，這樣可以加速萃取風味的速度。

．若要增添風味，蔬菜可用奶油或油稍微炒過再加入水中。

．冷水直接放入鍋中，然後加熱到微微熬煮的程度。

．不要加入太多水，否則口味會太清淡。以重量來算，1~3 份的水配上一份蔬菜。一杯水（250 毫升）相當於 250 公克，也就是 1/4 公斤。

‧葡萄酒和醋要在熬煮了 10~15 分鐘之後才加入。酸會干擾蔬菜的軟化，進而影響到風味的萃取。

‧繼續微微熬煮約 30~40 分鐘，如果用壓力鍋則需要 10~15 分鐘；如果蔬菜切得比較大塊，時間就要加長，直到風味出來為止。不過煮太久會使得湯汁出現蔬菜煮過頭的異味。

‧過濾高湯時不要擠壓蔬菜，否則湯汁會變得混濁。

**速成高湯**（court bouillon）的法文原意是「快速煮滾的液體」，這是一種能快速新鮮製作出來的蔬菜高湯，可用來煮魚或是其他細緻的食物。

速成高湯的做法是把香味蔬菜切好，若想要可用油或是奶油在低溫下炒軟蔬菜，然後加入冷水和香草，加熱到接近沸騰的溫度。熬煮 10 分鐘後，加入一些葡萄酒、醋和檸檬汁，再繼續熬煮 20 分鐘，就可以過濾立即使用。

儲放蔬菜高湯，可以在冰箱中冷藏數日，也可以冷凍。冷凍時以保鮮膜貼覆高湯表面，或是放在製冰盒中。

冷凍高湯在解凍前，先用冷水沖洗一下，溶去接觸空氣的表面以去除怪味。

# WINE AND VINEGAR SAUCES
# 葡萄酒與醋醬料

葡萄酒醬料中的主要原料是葡萄酒，這時葡萄酒不再只是提供風味的配角了。

葡萄酒或是葡萄酒醬料得熬煮得久一些，好讓大部分的酒精蒸發

掉。酒精在高溫時會產生刺激的口感。比起激烈的沸騰，小火熬煮更能保留葡萄酒的風味。

選擇比較不澀的紅葡萄酒。加溫與濃縮都會增強澀感。

要緩和澀感，可把紅酒和肉類或是富含明膠的高湯一起煮。葡萄酒中的澀感來自單寧，而單寧會和蛋白質結合，就不會與口中的蛋白質結合了。這類的結合會產生微小的單寧蛋白質顆粒，使得醬料變得灰白而混濁。

**焦糖醋醬**（gastrique）是一種快速製成的酸甜醬料，以醋和糖（或蜂蜜）加熱攪拌所製成，有時還會加入一些水果，通常用來搭配重口味的肉類。

# SOUPS
# 湯品

湯品是最難明確定義的食物，內容包羅萬象。幾乎所有食材都可拿來做成湯，而湯可能澄澈也可能混濁，口感可能滑順可能粗糙，質地可能濃稠可能稀薄，可能是熱也可能是冷的。只要這種液體食物能用湯匙舀來吃，就可以是湯。

雖然如此，湯還是有一些基本原則值得一提。

**風味的平衡**對湯品而言非常重要，且有無數的調整方式。調味時，目標是先建立扎實的風味當作基礎，然後再讓鹹味、酸味和甘味平衡。濃郁的醬料可以用酸味產生對比。蔬菜泥可增添一些來自培根、番茄或帕瑪乳酪的甘味，甚至加入一點醬油、越南的魚露或是日本的味噌也不錯。

**許多熱的湯品會使用對溫度敏感的食材**來增加稠度和口感，就跟醬

料一樣，因此製作時都要格外留心。

如果使用蛋黃或是其他未烹煮過的動物蛋白質（甲殼類動物的肝臟、海膽、肝泥、血液），加熱時要小心，不要熱過頭以免蛋白質凝結。一開始得讓湯維持在遠低於沸點的溫度，然後慢慢把少許湯汁加入能夠增稠的食材中，讓食材逐漸稀釋並加溫，之後才把食材加入湯中緩緩加熱。在湯汁開始變濃稠時就得停止。剩餘湯品再加熱到 70℃ 即可，不要煮沸。

若要以鮮奶油來增加稠度和濃郁的口感，要使用高脂的發泡鮮奶油或是高脂法式鮮奶油。這類鮮奶油中的牛奶蛋白質很少，即使煮到沸騰也會形成看得見的結塊。如果你使用的是低脂的鮮奶油、酸奶油、優格或奶油，或是一些調味油或橄欖油，那麼就要在溫度已遠低於沸點於上桌之前才加入。剩餘的湯品若要重新加熱，溫度到 70℃ 即可，不要加熱到沸騰。

為了避免結塊的風險，可選擇使用澱粉或是麵粉來增稠的食譜。澱粉和麵粉能夠避免蛋白質結塊，也能避免鮮奶油滲出油來。

如果要用麵粉或是澱粉來為湯品增稠，一定要先把這些粉打散製成奶油麵糊、奶油麵團或是麵漿，以免結塊。加入增稠劑後，用小火加熱湯品到適合的濃稠度為止。

未煮過的食材要在文火熬煮的階段才加入，以免煮得過熟或不夠熟。先加入的是全穀物類、結實的胡蘿蔔或芹菜，之後才加入比較軟的洋蔥或花椰菜、雞胸肉片、白米或義大利麵。最後加入是幼嫩的芹菜葉、魚類、貝類等。你也可以把這些食材分開來煮，上桌之前再混合。

湯上桌時，可以蓋上鍋蓋以維持湯品溫度，大約在 60℃。剩下的湯在離火後四個小時就要冷藏。

剩餘湯品重新加熱時，至少要加熱到 70℃。如果要用蛋白質來增稠，要小心避免結塊。

# CONSOMMES AND ASPICS
# 法式清湯與清湯凍

**法式清湯**是一種用肉類高湯製作出來的澄清湯汁。這種澄清的質地是調製過程中某一兩個步驟所完成。傳統方式快而耗工，現代方式雖簡單卻較耗時。

傳統方式製作的法式清湯，是利用蛋白來攔截雜質，隨著雜質而喪失的風味與明膠，則用瘦肉和蔬菜來代替。

· 把肉和蔬菜細細切碎，讓風味能迅速溶入湯中。

· 將肉末和菜末與蛋白混合，輕輕攪拌好讓濃稠的蛋白散開。

· 將此混合物倒入冷的高湯中攪拌，緩緩加熱，微微熬煮一個小時。

· 煮好後蛋白會凝聚浮起，用杓子把蛋白推到一邊，撈出高湯。

· 接著用細篩子或是濾布過濾高湯。

現代方式製作的法式清湯中，是用高湯中的明膠來吸收雜質。這樣做出的高湯分量較少，也不含膠質。

· 讓高湯結凍一個晚上，然後把結凍的高湯從容器中取出。

· 把結凍高湯放到濾碗中，下面用鍋子或是碗盛著，在冰箱中冷藏解凍 24 小時。

· 收集融化而滴落下來的液體，膠質形成的結構會和脂肪與蛋白質留在濾碗中。

· 要恢復高湯的稠度，加入一點點明膠或是三仙膠（一種類似澱粉的增稠劑，會用在不含麩質的烘培食物中）。

**清湯凍**是結凍的肉類或魚類清湯，其他具有風味的液體如果含有足夠的明膠也能結凍成形。清湯凍可整塊入口，並且入口即化。

製作理想清湯凍的重點在於明膠濃度，使得清湯凍有固體的質感又不至於擁有橡皮般的彈性。

高湯中含有的明膠差異很大，在澄清高湯的過程中會移除一些明

膠。魚類明膠形成的凍比較軟，因此需要額外加入事先準備好的明膠。

　　要確定製作清湯凍的清湯是否足以凝固，就實驗一下：將一匙清湯放入冰箱快速冷藏。

　　若有必要，把準備好的明膠加入清湯。如果要清湯凍較軟，那麼一公升的液體只需要加入 20 克明膠。如果清湯無法凝固，那麼每公升得再加入 5 公克明膠，然後重新試試；如果還是沒凝固就繼續加入，直到可以凝固為止。如果清湯凍的硬度要能夠包裹住肉末、肉塊，或是要能將切碎的肉黏合起來，那麼一公升的液體就要加入 100~150 公克。

　　市售的明膠先要用冷水潤濕之後才能混入熱高湯。如果直接加入熱的液體中，明膠會結塊而不容易溶解。

　　清湯不能煮到滾，也不能加熱太久，這些過程會讓明膠分解，而使得清湯凍不容易凝固。

Rice, wheat and corn fueled the birth of civilization

# CHAPTER 14

## DRY GRAINS, PASTAS, NOODLES, AND PUDDINGS

### 乾穀、麵食與布丁

穀物集結了讓胚胎萌芽所需的養分,更孕育了人類文明。

稻米、小麥和玉米的營養，孕育了人類文明，也持續滋養了全世界大多數的人類。這三種穀物和其他的穀物都是種子，其中集結了讓胚胎萌芽所需的養分，且乾燥之後就能保存數月。

　　穀物的價格平實，又能提供飽足感，同時風味清淡，能夠和大部分有強烈風味的食材搭配。穀物可以作為主菜、配菜，甚至做成點心，通常只需加熱並加入有風味的液體即可，例如有鹹味的水。穀物實際上的調理速度也比許多食譜所說的快，只要事先浸在水中即可。穀物有既定的烹調方式，不過所吸收的水量則不需我們精密監控。汩

　　麵食和麵條是穀物磨碎加入水分製成麵團之後，再塑造成許多不同的形狀，能夠在熱水中快速煮熟。機器也能生產出頂級麵食和麵條，不過手工製作也是既簡單又有趣。

　　在我的食物櫃中，唯一比穀物還多種類的食材只有香料。不過是幾年前，在美國，義大利的法羅米（farro）和不丹的紅米都還算是異國罕見食材，但現在就連斯佩爾特小麥、小米、紫大麥、黑米、畫眉草[1]等其他穀物，都可以很容易買到。請一定要多方嘗試麵食、米飯和玉米粥以外的穀類食物，它們非常美味。世界各地還有許多用其他種子烹調而成的美味營養佳餚。

---

1. 譯注　Teff，一種非洲穀物。

# GRAIN SAFETY
## 穀物的安全

大部分的穀物和穀物製品一開始都是經過乾燥的，需要在滾水中完全煮透，所以這些食物本身幾乎不會造成健康上的危害。

穀物或穀物製品如果變色出現霉味就得丟掉，這表示已經受到黴菌污染。

穀物料理放在室溫下不要超過四個小時，不然就得維持在 55℃以上，或是盡快冷藏或冷凍。重新加熱時溫度要達 73℃以上。

倘若穀物料理放了隔夜或是更久，就得丟掉。穀物通常帶有細菌的孢子，這些孢子能夠耐受烹煮的過程，然後在溫暖的料理中萌芽，產生的毒素就算經過加熱也不會被摧毀。

倘若米煮好之後得放置好幾個小時，那麼就要保持在 55℃以上，或是先把一部分冷藏，要吃的時候再加熱。壽司飯可在室溫下維持比較長的時間，因為飯中有摻米醋，能抑制細菌生長。

**乳糜瀉**是由特定的穀類蛋白質所引發的嚴重疾病，某些人會對於這種蛋白質極度敏感。

乳糜瀉患者不可食用小麥、大麥、裸麥、燕麥，以及單粒小麥（einkorn）、二粒小麥（emmer）、卡姆小麥（kamut）或斯佩爾特小麥（spelt）等和現代小麥親源相近的穀物。

# SHOPPING FOR GRAINS AND GRAIN PRODUCTS
## 挑選穀物與穀物製品

　　美國超級市場現在販售的穀物與穀物製品比以前多很多，這些多樣的產品來自世界各地，通常有小包裝，可以用來嘗鮮。許多健康食品店和有機食品店會販售大包裝的穀物，這可能需要冷藏。現在不少農夫與磨坊也會在網路上販售家傳的穀物，並能按照顧客需求研磨，同時以冷凍的方式運輸，以保持最佳新鮮度。

　　大部分的穀物都會製成以下幾種形式的產品來販售：全穀、精製穀物（除去種皮與胚芽）、粗磨穀物、細磨穀物。

　　**全穀物**（例如全麥、糙米）比精製穀物更具風味也更有營養，所需的烹煮時間也較長。種子的麩皮和胚胎含有豐富的維生素、油脂、纖維等重要的植物化學物質，但其中所含的油脂很容易變味。此外，麩皮會減緩穀物吸收水分的速度，因此全穀物需要煮 40~60 分鐘才會熟透。

　　**精製或去糠的穀物**（珍珠麥、白米）所含的營養物質不如全穀物，但也較不容易走味，煮 15~30 分鐘就能熟透。

　　**研磨穀物**（麵粉、燕麥片、大麥片、玉米粉）多少都是精製過的。用石頭研磨出的穀物含有比較多麩皮，比一般的研磨穀物更具有風味也更有營養，但是也比較容易走味。

　　**「即食」穀物產品**是煮過之後再乾燥（或冷凍乾燥）的，放在熱水中很快就會恢復原狀，但是通常會有異味。

　　購買穀物時注意保存期限，挑選塑膠包裝厚實的。所有穀物放久了都會不新鮮而走味，紙包裝和紙箱幾乎無法提供任何保護。不過有些亞洲和義大利米會故意放陳年，以發展出獨特風味。

　　全穀物和僅稍研磨精製的穀物一次不要買太多，因為很快就會變味。

想吃到最新鮮的全麥粉，可以買來自己研磨。你可以把磨子連接在一般的攪拌機上，或是使用電動或手動磨子。

**早餐用的各種玉米片和穀片**，通常都添加了糖和脂肪，就連全穀物的也不例外。要詳加閱讀成分表。

**麵食和麵條**的品質和價格都非常多變。

較平價的麵條使用的麵粉較少，用的雞蛋也比較不新鮮，吃起來沒有真正好的麵條那麼美味，煮的時候容易變軟、相黏和斷裂。

購買不含蛋的義式麵食之時，最好挑選由杜蘭小麥（硬粒小麥）所製造。杜蘭小麥含有的蛋白質比例較高，是義大利麵食的標準原料，能夠製作出結實的麵條。

# STORING GRAINS
# 儲藏穀物

穀物和穀物產品放在食物櫃中，可能好幾年都還不會腐敗，但如果處理不當，不出數日風味就會流失。

穀物和穀物製品要密封，放在乾燥、陰涼、不見光之處。

如果穀物和穀物製品是用會透氣的紙袋或紙箱包裝，就得再用厚的塑膠袋包起，或是放到硬的容器中。

從市場散裝的大桶子買來的穀物和麵粉，要密封到塑膠或玻璃容器中儲存。沒有密封的穀物會滋生穀蛾，這種昆蟲的幼蟲會咬破紙袋或薄的塑膠袋，進而讓穀物和麵粉受到損壞。

穀物或麵粉若已滋生昆蟲，可拿去冷凍，如此可殺死昆蟲的卵或幼蟲。

已開封的穀物或麵粉在使用之前，**要先檢查並嗅聞**。如果有怪味或

結塊，就可能是變質或有蟲害的跡象。

全穀物和全穀物磨成的粉末要冷藏密封，以避免吸收濕氣和怪味，這類農產品不論是否以石磨研磨過，都含有多元不飽和脂肪，非常容易變質而產生怪味和苦味。

冷藏過的密封包裝打開之前要先放置回復到室溫，以免冷的穀物凝聚水氣。

煮好的穀物製品要放入冰箱冷藏或冷凍，先行包緊以免吸收其他怪味。這些製品在冷凍庫比較不會那麼硬，冷藏室的溫度則會使得這些製品中的澱粉變得更硬實。

# THE ESSENTIALS OF COOKING GRAINS
# 穀物的烹調要點

**大部分穀物的烹煮過程都可以分成兩個步驟：**讓水分進入乾燥的穀物，當細胞和澱粉吸飽了水分之後，再以加熱來軟化澱粉和細胞壁。把這兩個步驟分開處理，可以節省烹煮時間並省下一些麻煩。此外，以電鍋烹煮便可不用一直監看，又能自動把穀物煮到好。

全穀物是大批採收與處裡的，因此烹煮前先經過一番篩選和清理。

要除去灰塵、穀糠、壞掉的穀粒以及會傷牙的小石頭，可把穀物放在一鍋水中攪拌。

要讓煮出的穀物有烘烤的香氣，可將洗好（但尚未泡水軟化）的穀物放在烤盤中，放進175℃的烤箱，直到發出宜人的香味。也可以在爐火上面以淺鍋烘烤部分米粒，之後再混入整鍋米一起煮熟。

穀物是乾燥的硬種子，通常需要水和熱讓種子軟化才好入口。大部

分的種子會吸收自己重量 1.7 倍的水（用體積算是 1.4 倍），就會柔軟可口。食譜中提到的水量通常會比這個更高，因為煮的時候水分會蒸發，而且多點水在煮好之後會產生醬汁般的液體。煮熟穀物的體積和重量通常比乾燥的穀物多出一倍。

**全穀物烹煮的時間要比一般穀物久**，因為種皮沒有剝掉；壓扁或研磨過的穀物所需的時間則最短。

倘若穀物在烹煮之前已經浸水達 8 小時，烹煮的時間便可減半。水穿透穀物的速度要比熱慢，尤其全穀物有完整的種皮保護著，因此會更慢。用壓力鍋煮穀物會快很多。

在水中烹煮穀物分成三個階段：用大火煮至將近沸騰的程度、用小火維持熬煮到穀物變軟、用文火保持溫度讓穀物中的水分從外到內分布均勻。

· 若要避免滾水突沸，以及穀物燒焦黏在鍋底，烹煮時可加入一點油脂和冷水讓泡沫消失，並小心控制爐火。

· 剛開始加熱時用高溫，不要加蓋，要經常檢查。

· 在水將近沸騰之際把火關小，把蓋子蓋上並留點空隙好調整溫度。每隔幾分鐘就檢查一次。

· 一旦水量減少到水位低於穀物，便將蓋子完全蓋上，然後把火調到最小。

· 當穀物幾乎都煮軟了，就把火關掉，悶個 10 分鐘以上讓穀物完全變軟。

用湯汁來煮穀物。當穀物吸收了湯汁中的水分，剩下的液體就會越來越濃稠。牛奶就會變成奶油狀，魚類或肉類的高湯也會變得膠著濃稠。在穀物尚未煮熟時，不要加入番茄或是其他酸性液體；酸會大幅減緩軟化的過程。

如果要煮出粒粒分明且完整的穀物，先用大量的水來煮，再把水瀝掉，接著將穀物放入寬底的鍋中讓水分蒸發，並避免讓底部的穀粒受到重壓。

也可以用一般的方法烹煮，但煮的時候不要攪動。穀物煮熟之後，

讓蓋子稍微打開，慢慢冷卻 15~30 分鐘，接著才用鏟子慢慢翻動。剛煮好的穀物軟而脆弱，很容易破碎，放涼之後就會比較結實。

**有些煮好的穀物放冰箱之後會硬到難嚼**，特別是長米，其中的澱粉會重新組織鏈結。

要讓過餐冷藏過而變硬的穀物回軟，可以重新加熱讓其中澱粉失去結構。先灑上一些水，接著加蓋在微波爐中以高功率加熱；或是加水以中火加熱；也可以用炒的。

# BREAKFAST CEREALS
# 早餐穀片

**家中常備的乾燥早餐穀片**，通常是由壓扁或片狀的穀物製成，這些穀物通常經過滾壓，有時還會經過快速蒸熟，以便在乾燥狀態下也能輕易嚼碎，同時迅速吸收冷牛奶或優格中的水分。

瑞士穀片（muesli）是壓扁的生燕麥、水果乾和堅果片混合而成。

燕麥棒（granola）是在燕麥片與堅果片中加入一點油和蜂蜜，再用中溫烤到稍微焦黃酥脆，然後加入水果乾。

**熱的早餐穀片**以熱水或是熱牛奶將穀物加熱到非常柔軟濕潤而成。如果是全麥，可能要烹煮整整一個小時。快煮的穀片使用的是碎燕麥、燕麥片以及其他穀物或是「即食」穀物，其中有些穀物可能是煮熟再乾燥過的。

預先煮過的穀片通常含有香料和抗氧化的防腐劑，記得檢查成分。

要縮短全穀物或粗穀物的烹調時間，可以先浸在牛奶或是水中，放在冰箱過夜。

縮短烹煮熱穀片的時間，也可以用微波爐或壓力鍋。

# KINDS OF GRAINS
# 各種穀物

常用來烹煮的穀物有十多種。以下對於較少見的穀物只會三言兩語帶過，至於米、玉米和麵食的描述則會占用較多篇幅。

**小麥**有許多種類和品種。

**硬粒小麥**通常以全麥顆粒的形式來販售，這種小麥含有大量的彈性蛋白，充滿彈性而富有嚼勁，適合拿來做麵包。煮過之後的口感也勝過含大量澱粉的軟小麥。

**法羅麥**是古代二粒小麥的義大利名稱，這種小麥可以加到湯中，或是和大量液體煮成類似燉飯的料理。市面上販售的全穀二粒小麥通常都會稍微磨掉一些表皮，以加速吸收水分，縮短烹煮時間。

**斯佩爾特小麥**和**卡姆小麥**是兩種小麥的種類，黑小麥（triticale）則是混種。卡姆小麥的穀粒特別大，呈奶油色。

**壓碎的小麥**經過研磨且去除麩層，缺少了全麥的風味，不過比較快熟。粗磨的壓碎小麥經水煮後能做出類似米飯的料理或是麥片粥。細磨的小麥顆粒可以加入麵團或麵糊中，增添粗糙的口感。

**小麥片（bulgur）**是不含麩層與胚芽的壓碎小麥，已經煮熟並加以乾燥。小麥片可以永久保存，而且很快就能再煮熟，並帶有持續的嚼勁。大部分人是從黎巴嫩香芹薄荷沙拉知道粗磨小麥片的。

**大麥**具有獨特風味，富有彈性，通常以三種不同的形式販售：去殼的全麥，這種全麥有完整的種皮，有的時候會壓成薄片。蘇格蘭大麥則留有種皮上的一條黑線，內含部分胚芽。第三種是珍珠麥，只剩下穀粒內部柔軟的部分。

**裸麥**有土味，顆粒比小麥軟，含有大量可溶性纖維，因此吸收的水分比小麥更多。裸麥通常也是壓扁的。

**燕麥**比小麥還要脆弱，很容易壓扁和咀嚼，風味獨具、口感濕潤、

質地滑順，很適合作為早餐的熱穀片。燕麥還有大量的水溶性纖維。

壓扁的燕麥片是蒸過再乾燥的，因此無需煮熟就可以直接用來製作燕麥棒或是瑞士穀片。快煮或即食燕麥片則是壓得特別薄而能夠快速吸收熱水。粗切過的「刀切」燕麥需要的烹煮時間較長，也比較有嚼勁。

**蕎麥**是小而風味獨具的種子，入口稍帶澀感，和真正的小麥沒有親屬關係。因為不含麩質，乳糜瀉患者也可食用。市面上販售的蕎麥通常是全穀物或去殼的，有的則已經烘培過（可做蕎麥粥）。去殼的蕎麥比完整的容易走味，需要冷藏或冷凍。

**小型穀物**（有的只有小黑點般大）包括莧菜籽、藜麥、小米、高粱和畫眉草籽。這些穀物的種皮占整個種子的比例較高，因此特別有營養。這些穀物和小麥沒有親屬關係，因此乳糜瀉患者也可以食用。這些穀物可以用油來爆，在液體中也能很快煮熟。


# RICE
# 米


米是世界上直接養活最多人的穀物，種類繁多。不同種類的米得用不同方式處理，才會最好吃。

**白米（精米）**外層的糠和部分或全部的胚都已磨除，可以存放好幾個月。

**糙米**的糠和胚都還留著，最好存放冰箱。

同樣品種的米，糙米烹煮所花的時間是精米的 2~3 倍，而且口感比較耐嚼，也有獨特風味。糙米烹煮時所含的澱粉不易流出，所以米粒也沒有那麼黏。糙米所含的維生素、礦物質和有益健康的植物化學物質，都比白米還多。

**長米**是大多數華人和印度人食用的米，這也是美國人的標準用米。這種米需要較多的水，烹煮時間也較長，煮出的飯則較為結實而不黏。長米冷了會變硬，要是冷藏則變得更硬；重新加熱之後會變軟。

**香米**有不同名稱，主要屬於長米，帶有獨特的爆玉米花香。這種米原產於印度、巴基斯坦和泰國，目前品質最佳的香米依然產自亞洲。北美洲的產品不是香味淡就是沒有香味。印度和巴基斯坦香米通常會陳放數個月，好讓香味累積，以煮出口感結實的米飯。

**中米**是印度與西班牙烹飪中的標準用米，烹煮時所需的水比長米少，煮好之後比較軟黏，冷藏也不會變硬，因此不用再加熱也可以吃。

**短米**是日本人的標準食用米，也用來做壽司。這種米冷卻到室溫時依然軟黏。日本人會把剛收成的米稱為「新米」。

**糯米**是泰國北部和寮國的烹飪標準用米，日本和東南亞國家也食用到這種米。糯米也稱蠟米、黏米或甜米。糯米烹調時所需的水分最少，只要浸水之後就可以蒸軟，不需要放到水中沸煮。

**紅米和黑米**則是糠中帶有色素的品種，而糠會使煮熟的時間加長。有些牌子會將部分米糠磨去，以縮短烹煮時間。

**改造米**是稍微煮過才乾燥的。所需烹煮時間比生米更長，具有獨特香氣，口感結實，有時具有粗糙質地，幾乎不黏。改造米的最大優點也是其最大缺點：不論煮多久、怎麼煮，依然結實滑溜。這種米是印度南部傳統的米，目前常用在酒席宴會上。

**快煮米**是完全煮熟後乾燥、壓裂而成，烹煮時水分很快就能透入。這種米容易碎裂，通常有怪味。

**野生米**生長於北美洲，親源關係和真正的亞洲米有一段距離。這種米十分細長，種皮的顏色深，採收之後稍微發酵就加熱烘乾，具有獨特的土味或是茶香。野生米的種皮非常防水，所以烹煮很花時間，有些製造商會磨去種皮以縮短烹煮時間。

如果要嘗到真正野生米的風味，要仔細閱讀成分。市售的野生米大多是在加州栽種，而不是從大湖區或加拿大來的。顏色不均勻的野生米要比均一黑色的更有可能是採集得來的。

# 米的烹調方式

米有兩種基本烹調方式，以及數不清的變化。

**用大量的水來沸煮**，可保持米粒完整，但是營養會流失。長米和中米大多適合用這種方式烹煮。

**用定量的水來沸煮**，可保持米的營養，但是煮出的米比較黏，而且鍋底可能會產生焦黃的鍋巴。加不加鹽都可以。

煮米的事前準備：

把米徹底洗淨以清除殘渣。美國米會添加維生素，如果要保留這些維生素，就不要沖洗。

把米浸在水中，或是清洗後保持濕潤狀態，這樣米會煮得均勻而快速。這是烹煮印度香米和日本米的傳統做法。

印度香米要浸 30 分鐘，糙米要浸 1~2 個小時，洗好的日本米要放置 30~60 分鐘。

用大量的水來煮米：

‧把米放入滾水中。

‧用滾水煮米約 10 分鐘，或是煮到還不怎麼軟。

‧倒掉所有的水。

‧蓋上鍋蓋，用小火煮幾分鐘，直到米熟透為止。每隔一兩分鐘要搖動一下，以免黏鍋。

用適量的水煮米：

‧用寬底厚鍋來煮。米均勻煮熟後的高度要維持在 2.5~5 公分。

‧遵照米包裝或是飯鍋的說明來調整水量。也可以用米的分量來換算：美國與印度長米用的水量是米的 2 倍體積，印度和西班牙中米是 1.25 倍，濕的日本米和壽司米則用 1 倍水量。如果這些米是未浸過水的糙米，水量就要加倍。

‧用高溫把水和米煮滾，蓋子打開好觀察烹煮情況，要避免突沸。

‧煮滾後關小火，蓋上蓋子，白米熬煮 10 分鐘，糙米則煮到軟為止（約 30 分鐘）。

．熄火，讓米用鍋內的蒸氣把米煮熟。

除了爐火，也可以用電鍋或是微波爐烹煮。

不論使用哪種方式煮米，熄火蒸氣消散後，都要把蓋子稍微打開15~30分鐘，如此米飯稍涼之後口感才會結實、粒粒分明。

如果鍋底形成鍋巴，可以另外處理成其他菜餚，許多民族都有這種料理。

**燉飯**是很受歡迎的義大利米食，其中米含有的澱粉會釋放出來，讓煮米的水變稠而成為醬汁。燉飯的傳統做法得一直在鍋邊顧著。

製作燉飯的方法：

．使用義大利的中米。Arborio 品種的口感較粉，而 vialone nano 和 carnaroli 則比較有嚼勁。

．用油或是奶油稍微拌炒一下乾米粒，以免米粒結塊，也讓米粒變得結實，同時產生烘烤的風味。

．先加葡萄酒，再加入其他液體，好為基底風味添加酸味與鮮味。煮滾液體好讓大部分的酒精蒸發。

．之後每次加入少量滾燙熱煮液。（通常使用高湯）然後攪拌米粒，直到液體全數收乾；不斷重複這個步驟。在這個過程中煮液會大量蒸發，因此會需要大量煮液以濃縮風味。攪拌的動作也會磨除米粒表面軟化的澱粉，使得液體變得濃稠。

如果你前一兩次添加煮液時太少攪動，那麼米粒釋放出讓湯汁濃稠的澱粉就會變少，且整顆米粒會變軟，之後再攪動，米粒就會破碎了。

．當米粒還嚼勁十足時就得停止加水，這時可以加入奶油、乳酪和其他讓風味濃郁的食材。

．若不想寸步不離地顧在鍋邊，仍可做出口感與燉飯相近的料理。先把第一批的煮液加入米中，然後將米粒攤平在烤盤上快速降溫，之後放入冰箱，讓米粒烹煮過的外層部分變硬。食用之前，把米放入煮液中熬煮，最後再加入其他食材。加一點米澱粉可以增加濃稠度。

**抓飯**的製作方式是將長米用奶油或是油炒過，以免黏結，通常也會放入洋蔥等有香氣的蔬菜一起炒，然後加入足量的煮液和其他食材，通

常是菜、肉、水果、香料，把整鍋煮熟。快要煮好之前，要不時攪動讓食材混合均勻，直到完全煮熟。

如果要製作冷食的米沙拉，得用短米或中米，這種米放涼後不會變得很硬。使用油醋醬或是酸性醬汁以抑制細菌生長。

製作在室溫下食用的壽司，使用的是短的壽司米，並以傳統的醋與糖混合來調味。


# CORN
# 玉米

玉米是美洲最重要的穀物作物，比起其他穀物要大上許多，有獨特的風味。玉米的種皮堅硬，因此我們通常吃的全穀玉米只有爆米花。玉米有許多不同的顏色，從白、黃，到藍色與深紫色都有，而不同品種適合的烹調方式也不同。顏色豐富的玉米所含的高價值植物化學物質也比白玉米要多。

**爆玉米花**所使用的玉米品種，蛋白質含量高，種皮也很硬，能夠抵抗種子內部水蒸氣的高壓。水蒸氣能將種子煮到半熟，把玉米粒爆開。

將爆米花的玉米粒保存在密封容器，這種玉米會依照空氣濕度的不同吸收或釋放水分。如果要爆得漂亮，玉米中水分含量的變化只能限定在很窄的範圍。

爆玉米花的方式：

快速將玉米粒加溫到200℃，可以用上了一層油的鍋子、爆玉米花機或是高功率的微波爐來加熱。

蓋子要打開或是使用防油罩，避免濕氣悶在鍋內，否則爆好的玉米花會濕軟老掉。

**玉米粉、玉米粗粉、玉米粥**，是玉米輾過以後製成的，都可以加入數倍體積的液體（高湯、牛奶等）煮成糊狀物。這類食物的市售產品都是預煮過，有各種粗細的顆粒。

風味最好的玉米粗粉與玉米粥是由石磨磨成，還留有胚芽和種皮的碎片。大部分的研磨玉米都經過純化，相當無味。石磨磨出的玉米很快就會走味，得密封冷藏，已開封的在使用前得先聞一聞是否還新鮮。

以下是烹煮玉米粉、玉米粗粉、玉米粥的傳統方式，比較費時：

慢慢將這些玉米製品放入滾水中並持續攪動，以免結塊。

持續攪動約 1 小時，讓玉米吸收水分並且產生香味，同時避免鍋底燒焦以及玉米粥突沸溢出。

如果要用比較簡便的方式，把磨過的玉米倒入沸水，同時攪動。接著：

在不加蓋的狀態下放入 150℃的烤箱，讓鍋子緩慢且均勻地從四面八方受熱，裡面的粥不會突沸溢出。

不時檢查、攪拌並刮動鍋底與四周，如果有需要就加水。 也可以用微波爐來烹煮，十分便利。先把這些玉米製品放到一碗冷水中，不要加蓋，然後以高功率加熱，每 5~10 分鐘攪拌一下，直到煮出黏稠的玉米粥。

如果要讓玉米粥等在放涼之後能夠凝固，以便煎或烤，那麼水就要放得少，製作出結實的粥，如此不但容易切割，也能形成較厚的表皮。

**玉米糝渣（hominy）**是整顆玉米粒用石灰煮軟之後，去除堅硬的種皮製成的食物，結實而有類似肉的口感。

由於石灰是鹼性的，因此玉米糝渣嘗起來有滑膩、肥皂般的口感。如果要拿玉米糝渣來燉煮，必要時可以先泡水除去殘留的石灰。

**馬薩（masa）**是由玉米糝渣研磨之後製作成的密實麵團，乾燥後製成的粉末就是馬薩麵粉，方便日後再揉製成馬薩麵團。在墨西哥商店中可以買到新鮮的馬薩麵團，許多超級市場則有販售馬薩麵粉。馬薩可用來製作墨西哥玉米餅、玉米片和玉米粽。

新鮮馬薩比用馬薩麵粉重新製作出的馬薩麵團更有黏性。不過馬薩

麵粉在乾燥和研磨的過程中，會產生烘烤的香味。

**玉米粽**是在馬薩麵團中包入肉和其他食材，再以玉米殼包裹後蒸熟製成。

如果要製作口感鬆軟的玉米粽，麵團中要加入豬油。將豬油攪拌到起泡，然後用肉汁將馬薩麵團攪開，最後兩者攪拌到蓬鬆為止。

# PASTAS, NOODLES, AND COUSCOUS
# 義大利麵食、麵條和庫斯庫斯

義大利麵食和麵條是由穀物粉製成的塊狀或條狀小麵團，經熱水快速烹煮之後，便可用各種醬料來調味，或是放入湯中食用。若是義大利麵食，就一定是用小麥粉製作而成。至於麵條，乃是世界各地都有的食物，原料包括小麥、米或是其他純化澱粉。麵若經脫水乾燥處理，可儲存數個月。

西方的麵食和麵條有許多種類和形狀。

**各種乾燥的義大利麵食**，如義大利麵、寬麵、螺旋麵等，都是使用含有強韌蛋白的杜蘭小麥來製作的，這種高筋的麵粉製作出的麵團很堅韌，可以做出各種奇形怪狀的麵條，且烹煮過後依舊能保持結實和彈性。

**乾麵條**通常是以中筋麵粉和蛋為原料製作而成，比用杜蘭小麥製作出來的成品要細緻，同時帶有淡淡的蛋香。

**新鮮的義大利麵食**通常以中筋麵粉和雞蛋為原料，低筋麵粉或是高筋的粗磨杜蘭小麥粉。加入整顆雞蛋則會使麵條變得緊實有彈性，並染上淡淡的色澤。若只加入蛋黃，製作出的麵條風味較濃郁也更黃，可是

比較缺乏韌性。

新鮮義大利麵條的製作方法：

．清理出夠大的工作空間，好讓麵團能夠桿成很大的薄片。

．把雞蛋、麵粉、鹽和其他食材揉捏成均勻麵團，食材中通常還會加入油，使麵團容易推開。

．把麵團放到冰箱中醒，讓麵粉顆粒能夠完全吸收雞蛋的水分。

．把麵團分切成數塊，小塊比較容易桿開、分切。

．用桿麵棍或是製麵機把麵團桿成非常薄的麵皮，在麵皮上撒麵粉以避免沾黏和破裂。

．用刀子或是製麵機將麵皮切成想要的形狀，並立即在麵條表面撒上麵粉，以免切口沾黏。

新鮮麵條很容易壞，若不立即下鍋，就得乾燥、冷藏或是冷凍保存。

在天氣乾燥時才能晾麵條，否則就要用食物脫水機或放在 60~65℃ 的烤箱中烘乾。乾燥過程如果太過緩慢，微生物便有機會滋生而讓麵條壞掉。

煮麵條時要多注意，**麵條表面的麵粉會讓水突沸。麵條很快就煮熟，通常只要幾分鐘。**

**烹煮義大利麵食的方式有下列數種：**

傳統方式：

．使用一大鍋水，通常每 500 公克的麵條需要使用 4~8 公升的水，水要加鹽。

．將水煮到大滾，鍋子加蓋可以更快到達沸騰。

．若要避免突沸以及麵條沾黏，可在滾水中放入 15 毫升的油，並讓麵條入水時皆能沾上油。或是麵條在下鍋之前用自來水沖洗一下。講究的廚師反對這個方法，不過它確實有效。

．麵下鍋之後要攪動，以免彼此沾黏。

．當水再次沸騰，將火關小讓水維持中滾即可，然後煮到麵熟。蓋子要留空隙以免水突沸。

烹煮乾燥的義大利麵條時：

若想節省時間、省水、省能源，並減少沾黏，可讓乾麵條先泡水。

·把麵條浸在鹽水中一個小時，之後再下鍋。

·把吸過水的麵條放到沸騰的鹽水中，每 500 公克的麵用 1~2 公升的水。

·不時緩緩攪動，直到麵煮好。

烹煮新鮮或乾燥的義大利麵條，還有更有效率的煮法（無需事先浸泡）：

·把麵浸到平底鍋的冷水中，500 公克的麵需要 1.5 公升的水。

·整鍋加熱到沸騰，不時攪動，然後把麵煮到熟。

·煮麵水含有大量澱粉，比較濃稠，可以加入橄欖油和調味料，製作成簡單的醬汁。

如果要把風味煮進結實的麵中，可以使用做燉飯的方式，多次加入少量的高湯和葡萄酒，不斷攪拌直到麵煮熟為止。

為了避免把麵煮過頭，在麵條中心還有一點硬的時候就可以起鍋。麵條在加入醬料和上桌的過程中，中心還會持續變軟。

煮好的麵條放入濾碗，以瀝掉多餘的水分。

麵條煮好之後不要用自來水沖洗，這會使麵條冷掉，而且不容易吸附醬汁。

麵條煮好之後要立即上桌，或是用醬汁或油稍微沾裹麵條，以免互相沾黏。

**庫斯庫斯（粗蒸麥粉）**源起於北非的細小麵類，大小通常只有麥粒或米粒那麼大。這種麵食是在粗磨的杜蘭小麥麵粉灑上一些水，攪拌、搓揉後再過篩，製作成 1~2 毫米大小的顆粒。這些乾燥的顆粒會經過數個階段的蒸煮，最後放在燉煮的食物上方蒸透，就能做出輕盈鬆軟的細小麵粒。

工廠製的庫斯庫斯大多是預煮過了再乾燥。

如果要快速調理庫斯庫斯，可先浸水，然後在微波爐中以高功率微波加熱，每一兩分鐘攪拌一下，讓水氣和熱得以均勻分布。

**以色列庫斯庫斯和薩丁尼亞珠麵**（Sardinian fregola）都是較大型的麵食，並非由杜蘭小麥製成，製程也和庫斯庫斯不同。烹煮時跟其他麵食一樣需要大量的水。

# ASIAN NOODLES AND WRAPPERS
# 亞洲的麵食和米紙

亞洲麵食和米紙的原料來自小麥、蕎麥或米等穀物所磨成的粉，或是米、綠豆、地瓜等植物所萃取出的澱粉。亞洲麵條的特色，在於表面滑順的口感。

要讓煮好的麵條滑順而不黏結，浸到冰水中以洗去表面過多的澱粉，並讓未洗去的澱粉凝結。

由澱粉所製成的米粉、粉絲和米紙，具有誘人的透明質地且烹煮方便，因為經過預煮，只要重新吸收水分就可以吃了。

處理米粉和米紙的方式是，將米粉泡在熱水中，米紙則泡在溫水中，兩者都要泡到軟為止。米粉可以加入醬料或是放入湯中食用，米紙則用來包裹蔬菜、肉類和海鮮，冰涼清新。

# DUMPLINGS, GNOCCHI, AND SPÄETZLE
# 西式餃子、義式麵疙瘩、德式麵疙瘩

**西式餃子**是由小團麵團或麵糊放入熱的煮液、滾水或是與其他食材燉煮而成。

**義式麵疙瘩**通常是由馬鈴薯等澱粉根莖類植物煮熟並壓碎後製成，也有用瑞可達乳酪、蛋和麵粉揉製成麵團製成。

**德式麵疙瘩**是由較稀的麵糊滴製而成，形狀小而不規則。

如果要製作出柔軟的餃子麵團，就盡量不要揉捏。

義式麵疙瘩美味的關鍵在於盡量少用**麵粉**，也不要放雞蛋，因為雞蛋會讓糰子黏而有彈性。

西式餃子、義式麵疙瘩及德式麵疙瘩的作法：

‧以小滾熬煮，劇烈的翻滾會讓細緻的麵團破裂。

‧糰子浮起之後，再煮一兩分鐘便可撈起。

‧先嘗嘗是否已經熟透，再倒入濾盆瀝乾。糰子浮起表示內部充滿了熱蒸氣，不過有些麵團或是麵糊在尚未熟透時就會浮起來。

# PUDDINGS
# 布丁

布丁是由穀物（米）、穀粉或澱粉（玉米澱粉、木薯澱粉）製作出來的濕潤濃稠食物。布丁通常是甜的，有時會加入雞蛋或脂肪以增添濃郁口感。然後再加以烘焙、蒸煮或沸煮。

布丁美味的關鍵在於好的食譜，並以足夠的水分讓乾的穀物食材充分吸水，以及足夠的糖和脂肪讓布丁濕潤又柔軟。食材的混合方式也很簡單。

　　布丁加熱時要使用中火並且加蓋，以免乾掉。

# Beans and their families are main-course seeds

# CHAPTER 15

# SEED LEGUMES :
# Beans, Peas, Lentils,
# and Soy Products

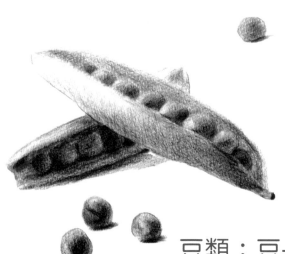

豆類:豆子、豌豆、
小扁豆和大豆製品

豆子能當做主食,也適合作為配菜。

豆類是能夠當成主食的種子，有時比穀物更適合。豆類無法像穀物一樣製成膨發的麵包或是有嚼勁的麵條，但世界上有許多地方的人，因為吃不到肉或是選擇不吃肉，便以豆類做為一餐的主菜。豆類也能與米、麵包或馬鈴薯等食物搭配，讓每餐的營養更均衡。而小扁豆這種小型豆類和米一樣很快就能煮熟。

豆類含有的蛋白質是穀物的兩倍，同時具有強烈的甘甜風味，表皮的顏色鮮豔多樣，這是富含珍貴植物化學物質的標誌。烹調豆類很簡單，但還是得稍加留意，以保持豆子外形完整，並保有豆子最佳的口感，結實、軟綿，而不會太硬或太爛。大豆的用途非常多，能製作各種不同的新鮮與發酵食品，從滋味清淡的豆漿和豆腐，到有著菇蕈般氣味的丹貝和香氣濃烈的味噌。

豆類在我心目中一直占有特殊地位，因為我一位朋友就是深受豆類的刺激，進而刺激了我一頭栽進食物寫作的世界裡。那是在 1975 年，我參加了一個家庭式的晚餐聚會，每個人帶一道菜餚。當時有個來自路易斯安那州的文學院同學望天長嘆問道：「為什麼吃豆子容易放屁？」他就是因為這樣而不得不放棄美味的路易斯安那紅豆飯。為了這個有趣的好問題，我去圖書館找答案，而讓人驚喜的是，我發現美國航太總署（NASA）已經進行了許多相關研究，因為他們想知道所有會影響太空艙空氣品質的因素。

自此，科學和我的日常生活之間開啟了一個通道，讓我深陷其中，無法自拔。

# SEED LEGUME SAFETY AND COMFORT
# 豆類的安全與症狀舒緩

豆類和穀物一樣，以乾燥的方式儲存，而且通常沸煮之後就可以吃了，因此不容易發生食源性疾病。不過豆類煮熟之後，就和其他食物一樣容易受到污染，此時就得一樣小心處理。

煮熟的豆類菜餚在室溫下不可超過四個小時。這些菜餚得維持在55℃以上，否則就得盡快冷凍或冷藏。如果你希望豆類沙拉冷盤可以放得較久，可在上桌前淋上酸性的沙拉醬，抑制細菌生長。在室溫下放隔夜的豆類菜餚，會在這段時間內產生連加熱也無法分解的毒素，因此得丟棄。保存得當的豆類剩菜若要重新加熱，溫度得到73℃以上。

**各種豆類的芽菜很容易引發食源性疾病。**適合豆芽生長的溫暖潮濕環境，同樣也適合細菌生長，而且不會顯露任何跡象。健康情況不佳的人不要生食豆芽。選擇冷藏的豆芽菜，並剔除看起來和聞起來不新鮮的部位。

**有些人吃了蠶豆之後身體會生病。**蠶豆症是一種遺傳性疾病，患者對於蠶豆中的某些成分過敏，會引發嚴重貧血。

大豆製品對於有乳癌病史的人可能有害。大豆中的一些植物化學物質可能讓病情惡化。

**生的和未煮熟的豆子會讓人不舒服，**許多豆子中含有防禦性的化學物質，會干擾消化系統，烹煮過程會把這類化學物質大都摧毀掉。

**完全煮熟的豆子有時也會造成脹氣，**因為其中含有人類無法吸收的碳水化合物。但是消化道中的細菌卻可以吸收，一旦這些細菌飽餐了一頓，就會產生許多氣體。

**市售的抗脹氣酵素，**根據臨床實驗，能夠消除部分食用豆子之後所產生的不適。

想將豆子產生的腸道不適減到最低，需小心選擇豆子並且完全煮熟。鷹嘴豆、黑豆和小扁豆含有的不消化物質比較少，大豆、海軍豆和萊豆（皇帝豆）就比較多。延長烹煮時間可分解部分不消化的物質，使得它們更好消化。

為了消除所有豆類可能造成的脹氣，可在烹煮前濾出一些無法消化的碳水化合物。把豆子放在大量清水中慢慢煮到滾，關火靜置一個小時，然後把水倒掉再進行後續料理。也可以讓豆子浸泡在大量清水中過夜，然後把水倒掉，再進行後續料理。

若能忍受脹氣的情況，便能取得最完整的豆類營養。豆子在浸泡濾除不消化碳水化合物之時，同時也會喪失一些顏色、風味和營養素。人體內能消化這些碳水化合物的微生物也都是益菌。

# BUYING AND STORING LEGUMES
# 挑選與儲藏豆類

乾的豆類可以存放好幾年都不會壞，所以有些豆子已經存放數年。**老的豆子煮的時間也長**。如果豆子存放在熱而潮濕的環境下，會發生「難以煮熟的問題」，變得無法煮軟。

試著選購最新鮮的乾豆。詳加檢查包裝在袋子或桶子中的豆子，若有許多破碎、外皮損毀或變色的，就不要買。

乾豆子要放在陰涼、乾燥之處。熱和潮濕也會使豆子不易煮爛，並讓豆子容易變壞。

專賣店的豆子可能會比量販的豆子貴，但是品質通常較好，比起其他食物而言，仍是不錯的選擇。

如果要節省準備的時間，可以選擇容易煮熟的小扁豆，或是去殼的豆子，例如去殼的豌豆、各種印度豆類等。這些豆子只要 10 分鐘就可以煮軟。

**罐裝或速食豆子是已經煮過的豆子**，使用上雖然方便，但嘗起來遠不如剛煮好的。罐裝豆子經過超高溫處理，而速食豆子在冷凍乾燥的過程中便失去了風味。

若要讓罐裝豆子的風味完全發揮出來，**檢查標籤**，選擇香料和鹽分添加得最少的品牌。使用之前要徹底沖洗，再嘗嘗看，如果太鹹，用溫水浸泡一兩個小時。

# SPROUTS
# 豆芽菜

豆芽菜是清新、柔軟、爽脆、味道清淡的蔬菜。很多種子都可以發成芽菜，生長期大約只需要 3~6 天，最常見的是綠豆芽、大豆芽和苜蓿芽。

豆芽菜需要冷藏，而且盡快食用。建議只買看起來最新鮮的豆芽菜，如果枯萎、發黃、有怪味或很明顯壞掉的，就不要買。

豆芽菜儲存之前，先拍乾然後晾乾，用毛巾略微包覆，再用塑膠袋包好冷藏。

如果對於生豆芽的品質有疑慮，可用將近沸騰的溫度煮熟，或是直接丟棄。

自己孵豆芽菜：

·購買食用或是孵芽菜的種子，而不是種植用的。種植用的種子可能以化學藥劑處理過了。

・把種子浸在水中數個小時，然後沖洗瀝乾。

・把種子放到發芽槽中，置於陰涼之處，幾天後便可收成。發芽期間每天沖洗瀝乾種子數次，以免滋生微生物。

# THE ESSENTIALS OF COOKING SEED LEGUMES
## 豆類烹調要點

　　豆類的烹調方式非常簡單，洗淨之後放到鍋裡，放入調味料和大量清水，加熱到水滾之後，小火熬煮直到豆子變軟。不過這個過程通常要花數個小時，也會使得豆子的外皮褪色、豆身破裂。有幾種方式可以縮短烹煮時間，同時得到穩定的好結果。

　　**乾豆子的烹煮過程可分為二：**水進入種子，讓細胞壁和澱粉吸收水分；然後是加熱，讓豆子內部變軟。種子吸收水分的時間，要比加熱的時間長。如果種皮完整，就得花更多時間吸水。

　　若要讓烹煮時間減少一半以上，先把豆子浸在鹽水中數個小時或是過夜，鹽水濃度為每公升的水放入 10 公克鹽。如果要煮得更快，事先泡過之後以壓力鍋煮 10~15 分鐘。最省時間的煮法則是直接以去皮的豆子烹煮。

　　**鹽不會讓豆子變硬，也不會讓豆子無法煮軟**，不過會讓烹煮過程變慢。先以鹽水浸泡豆子能加速烹調過程。若以乾豆子直接在鹽水中烹煮，鹽分便會減緩豆子吸收水分的速度。

　　倘若豆子久煮不爛，就要檢查水的軟硬度。硬水含有許多鈣，會讓豆子無法煮透，這時得改用蒸餾水煮。

　　**倘若豆子依舊久煮不爛，有可能是豆子的問題。**這些豆子可能在生

長期間遭遇不尋常的乾熱狀態，或是儲存在潮濕溫暖的環境下數個月。這些豆子無藥可救，你只能換更可靠的品牌。

豆子的烹調方式

‧豆子洗淨之後，在水中挑去零碎的外皮、泥土、小石頭，以及體型特小的豆子，這些豆子通常都煮不軟。

‧鍋子底部要夠寬，不要讓豆子堆疊得太厚，這樣豆子才能均勻受熱，以免靠近鍋底的部分煮得太爛。

‧水量要夠讓豆子吸收，並稍微蓋過豆子。如果豆子事先沒有泡過水，豆子和水的比例是 1：2，重量比或是體積比都可以。如果豆子已經泡過水，豆子和水的比例就是 1：1，然後再稍微多加一點水，因為烹煮過程中水分會蒸發。快煮好的時候要檢查水量。

‧如果要更均勻加熱，把鍋子放在爐上煮到將近沸騰，然後蓋緊鍋蓋，放入 93℃的烤箱。

如果要保持黑豆和紅豆的色澤，煮的時候水盡量少加，這樣從表皮溶出的色素會比較少。一開始僅以剛好的冷水來煮，烹煮過程中再不時添加熱水以維持水量。

加熱過程盡可能緩慢，如此較能保持豆子表皮完整。豆子先用鹽水泡過，讓植物組織逐漸膨脹。鍋子慢慢加熱到 80~85℃，不要加熱到沸騰翻滾的程度。待豆子煮軟之後不要撈出，和煮液一起放涼之後再進一步處理。

為了避免豆子煮得太爛，煮到軟硬適中時，可加入某些食材讓豆子維持口感。這些食材包括各類的酸（醋、番茄、酒、果汁）、糖和鈣。波士頓燉豆（Boston baked bean）中的醬汁就是酸酸甜甜，同時也含有鈣質。

豆子煮好後可以直接上桌，也可以製作成比較滑順的豆泥。由於豆類含有澱粉，因此可以取出一小部分，去皮、搗碎之後攪入煮液中增稠，製成醬汁。

# COMMON SEED LEGUMES: AZUKIS TO TEPARIES
# 常見豆子：從紅豆到寬葉菜豆

豆子的種類繁多，大多在商店或是網路上便可買到。

**亞洲的豆類**包括許多小而易煮的種類，會產生脹氣的碳水化合物含量也低。這些豆子有日本的小紅豆、印度的黑吉豆、中國和印度的綠豆，以及泰國的米豆。

**蠶豆**的表皮很硬，在水中放一點小蘇打預煮，便可輕易剝除表皮。具地中海血統的人，有些吃了蠶豆會引發嚴重貧血。

**鷹嘴豆**具有獨特風味，表面凹凸不平，吃起來有顆粒感。鷹嘴豆主要有兩種：常見的大型奶油色鷹嘴豆源自歐洲與中東，在印度市場中較小的品種通常是深棕色或深綠色。

**一般常見的白豆、海軍豆、腎豆、紅豆、黑豆、斑豆和義大利白豆**都源自於墨西哥，現已散布到世界各地。這些豆類的顏色、大小、表皮厚度、烹煮時間和質地，都不相同。

**小扁豆**有兩種常見類型：扁而寬的大型種，顏色淡；小而圓的小型種，通常是深綠色或黑色。小扁豆是最容易烹煮的豆類，就算沒有事先泡水，烹煮時間也不會超過一個小時，會造成脹氣的碳水化合物含量也很少。

小型種小扁豆的煮法可比照一般白米，以少量的水來煮出粒粒分明的豆子。

印度紅扁豆去皮，只需幾分鐘就可以煮出金黃色的豆泥。

**萊豆**通常是新鮮使用，不過萊豆的皮很厚，因此很少等它長到成熟才食用，也不常脫水乾燥。

**羽扇豆**是豆類的近親，但不含澱粉，而含有豐富的可溶性纖維，通常也含有苦味的植物鹼，因此要換水浸泡數次才能將植物鹼濾洗掉。

**豌豆**有綠色和黃色的，豌豆皮很硬，因此販售時通常都會剝除外皮。豌豆很快就可煮成豆泥。

**黑眼豆**是非洲版的綠豆，具有獨特的氣味和深黑色的環，烹煮之後不會褪色。

**大豆**原生於中國，蛋白質含量特別高，油脂也比澱粉多。大豆很少直接烹煮後上菜。它有很強烈的豆味，比起含有許多澱粉的豆子，大豆也不容易煮軟煮爛，而且容易引起脹氣。

**寬葉菜豆**原生於美國西南部，知道的人不多。這種豆子體型小、很容易煮熟，甜味出眾，同時具有糖蜜的香味。

# SOY MILK, TOFU, TEMPEH, AND MISO
# 豆漿、豆腐、丹貝與味噌

比起大豆本身，傳統的大豆加工製品豆味比較少、較不會引起脹氣，用途非常廣泛。

購買前確實檢查有效期限，豆漿、豆腐與丹貝是容易腐壞的產品。

**豆漿**是大豆泡水之後加水煮熟，再經研磨、沸煮、濾除固態豆渣之後製成，外觀類似牛奶。豆漿中蛋白質與脂肪的含量與牛奶相當，但飽和脂肪的含量較低，也沒有會導致人體過敏的乳糖和牛奶蛋白。

檢查成分。許多豆漿都加入了大量甜味劑和香料。

**豆腐**是豆漿凝結成固體，味道清淡。中式豆腐是用石膏中的含鈣鹽類讓豆漿凝固；日式豆腐是利用海水鹽鹵（製鹽的副產品）中微苦的含鎂與含鈣鹽類來凝固，用瀉鹽（硫酸鎂）也可以。鹽類會影響豆腐質地，口感可以硬實也可以如絹絲般柔順細緻。

儲放未包裝的新鮮豆腐要浸在水中，存放在冰箱中最冷的角落，每天換水。

豆腐可以用聞和觸摸來確認是否還可以吃，如果有怪味或摸起來滑膩，就丟掉。

**豆腐冷凍之後質地會發生改變**，這是因為水會從固態結構中分離出來。

如果要讓結實的豆腐有肉類的口感，並且更容易吸收風味，可在烹調之前先冷凍，待解凍之後再切塊，然後擠出水分。冷凍時，水會結成冰晶，迫使原本的固態蛋白質形成網狀結構，產生空洞，這有利於富含風味的煮汁填塞其中。

**丹貝**是將煮熟的大豆壓成薄餅，以特殊的黴菌發酵而成。丹貝比豆腐還乾，具有宜人的菇蕈類香氣，油煎之後會產生肉類的香味。

丹貝冷藏後質地不會發生改變，存放的時間也幾乎沒有限制。

觀察丹貝可以用聞和觸摸來確認是否還可食用，如果有怪味或摸起來滑膩就丟掉。黑色或白色的黴點乃黴菌生長的正常跡象，可安心食用。

**味噌**是大豆和穀物（通常是米或大麥）一起發酵後，所製作出富含風味的糊狀物。味噌的顏色和風味非常多變，深色的味噌發酵時間較久，風味也較強烈。味噌能提供鹹味、甘味、醬油香味，通常還有鳳梨的風味，還能作為液體的增稠劑。

確認包裝上的成分，避免使用劣等的工業味噌，那是用玉米糖漿和酒精製成的。

味噌冷藏後保存沒有期限。粉末狀的味噌開封之後。要密封冷藏。

使用味噌快速製成湯底，也可用來為湯汁和醬汁調味。味噌還可調製成糊狀，用來醃漬魚類、肉類和蔬菜。

Nuts are seeds that give us reference point for flavor

# CHAPTER 16

## NUTS AND OIL SEEDS

# 堅果與含油種子

堅果是含有大量油脂的種子,能為
我們提供重要的基礎風味。

堅果是含有大量油脂的種子，能為我們提供重要的基礎風味。烤堅果會散發出獨特的堅果香味，這是因為堅果中的蛋白質和糖類受到堅果中的油脂加熱而產生的。

　　堅果大多不會太硬，可以生吃，高溫下則能快速變得酥脆；穀物和豆類沒有這個特性。堅果與含油種子中含有大量油脂，而不是澱粉，因此在咀嚼時能夠很快產生濕潤感，磨細之後則如乳脂般綿密細滑，英文字尾通常會加上 butter（奶油）；若再加入液體一起研磨，則會產生「堅果奶」或是「堅果鮮奶油」，可取代乳品製成不含乳的醬汁和冰淇淋。

　　堅果大多是喬木的種子，包覆在堅硬的核殼內部。其輕薄的褐色種皮帶有澀味，因此種皮通常都會除去，使堅果的外形和風味更加出色。然而，種皮也含有豐富的抗氧化物，堅果對於心血管健康的益處可能就是由種皮提供的。核桃中含有大量重要而少見的 ω-3 脂肪酸，吃幾個核桃有助於平衡菜餚或肉類中的脂肪比例。

　　讓堅果美味的油脂，同樣也容易讓堅果變味，產生類似紙箱或油漆的味道。真正風味新鮮的堅果，不論生熟，都不容易找到。因此要是我真的取得了一些優質的生榛果、核桃或是杏仁，我會在早上煮咖啡的時候烤一些，此時廚房中會充滿美妙的香氣和溫暖堅果的美好風味，我甚至十分欣賞堅果烘烤時發出的聲響：那是堅果溫度升高到油煎的溫度時，水分蒸發而出所發出來的嘶嘶聲，猶如堅果輕盈的哨音。你是否聽過帶殼的南瓜子在烘烤後冷卻下來時所發出的聲音？在這一兩分鐘的時間內，瓜子殼中的空氣會收縮，使得薄薄的瓜子殼碎裂，這種細緻的聲音如同低聲訴說著祕密。

# NUT AND SEED SAFETY
## 堅果與種子的安全

堅果與種子是最乾燥的食物之一，通常不適合細菌生長，因此一般而言並不容易引起食源性疾病。不過在處理過程中如果遭受不尋常的污染，就另當別論了。

**堅果是引發嚴重食物過敏的常見源頭。**

如果你的菜餚中含有堅果，記得要告知食用的人。

**有些堅果容易受到黴菌感染而產生黃麴毒素。**這是一種致癌物質，長時間下來可能會增加罹患癌症的風險。

枯乾、變色或出現怪味的果仁就直接丟棄，這些堅果可能已經受到黴菌污染了。


# BUYING AND STORING NUTS AND SEEDS, BUTTERS AND OILS
## 挑選與儲藏堅果、種子、堅果醬與堅果油

堅果和種子就算存放數月也不會壞，但是由於其中含有多元不飽和油脂，空氣中的氧氣很容易和這類油脂起反應，使得堅果與種子慢慢走味而酸敗。

堅果要放得久，要買新鮮帶殼的，通常是在夏末與秋天採收。老的核果會皺縮，因此要選購手感沉重的，並儲存在乾燥陰涼處。

去殼的堅果和種子要保存在密封不見光的容器中，然後冷藏或冷凍。要打開取出之前，先回復到室溫。

如果堅果和種子裝在桶子裡散裝販售，或是裝在透明包裝中，要挑選顆粒完整，且內部呈現不透明乳脂色的。如果內部已經變透明或發黃，就表示已經酸敗，同時也要注意是否有受到黴菌感染的跡象。如果可以，最好加以嗅聞或試吃。倘若散發出不新鮮的紙箱或油漆氣味，就千萬別買。

購買已經烤好的堅果和種子時，要避免種子邊緣顏色變深的，那會有怪味。大部分的堅果和種子富含油脂，因此可以乾烤而不必另外加油。若額外添加烹飪用油會增加油膩感並且造成怪味。

買堅果醬的時候，要檢查成分標籤，看看有沒有添加糖、香料和脂肪。不要買含有氫化油的產品，這種油脂含有不利健康的反式脂肪酸。

**堅果油和種子油**含有獨特的風味，因此可取代一般的食用油，用來作為生菜沙拉或是蔬菜的淋醬。

在購買富含風味的堅果油和種子油時，選擇以榨油機或冷壓法從烤過堅果所榨出來的產品。以溶劑萃取的油所含有的風味物質通常較少，不過所含的過敏性化學成分也較少。

堅果油和種子油要用不透明的容器盛裝冷藏，因為其中珍貴而脆弱的脂肪酸會讓堅果油比一般的油脂更容易酸敗。

# THE ESSENTIALS OF COOKING NUTS AND SEEDS
## 堅果與種子烹調要點

堅果和種子可藉由乾熱驅走內部水分，讓肉質變脆，並以其內部或外添的油脂加熱後而產生獨特的堅果風味。

要讓堅果和種子達到絕佳風味，在即將上菜之前才把它們加熱到內

部呈現金黃色。倘若變成了棕黑色，就會產生惱人的苦味。烤好的堅果在一兩天內風味就會減弱，然後開始走味、酸敗。

**堅果皮**是位於種殼和種子之間的薄層，有些種皮很堅韌，緊緊黏附在堅果上；有的則脆而容易剝除。這些種皮含有單寧會造成澀感，所包含的色素在經過烘焙之後則會出現藍紫色，不過種皮也含有豐富的抗氧化物，有益健康。

不要剝除種皮。如果這些種皮不會影響菜餚的外觀或風味。

如果要去除種皮（例如花生、榛子），可先稍微烤一下，然後用粗的廚房毛巾把皮揉掉。

杏仁的種皮較厚，可將杏仁放在滾水中 30~60 秒，再放到冷水中，就可以將皮剝除。

核桃和美洲山核桃的種皮很難完全剝除，若要降低種皮的澀味和色素，可以把核桃以沸水滾煮 30~60 秒，以萃取出一些單寧，然後立即瀝乾並烘烤。

栗子的種皮很硬，沸煮或烤過之後會變軟，較容易剝除，或是像削除蘋果皮般削除。

把堅果和種子烤得香酥焦黃，先放在烤盤上，以中溫（175℃）烤箱烘烤 10~15 分鐘。用一點油以中火持續翻炒直到稍呈金黃色也可有同樣效果。如果要用烤的，要放置在最低層的烤架，上面覆蓋一層鋁箔，防止從上方直接受熱。

堅果和種子也可以用微波爐烘烤，選用低或中功率，每一兩分鐘就檢查一次，快要烤好時檢查的頻率要增加。只要多了幾秒鐘，就有可能導致某些地方燒焦。

若要在堅果表面裹上鹽、糖或是其他調味料：可在碗的內部抹上油或融化的奶油，接著把煮好的堅果放到油或奶油中攪拌，倒出並吸除過多的油，之後放入新的碗中，加入調味料攪拌。或是在碗的內部抹上稍微打過的蛋白或玉米糖漿，將堅果倒入與蛋白或玉米糖漿攪拌，再拌入調味料，之後平鋪於盤子或烤盤上，放入低溫烤箱中烤乾。如果只要加鹽，可把鹽溶解在少量的水中，堅果浸入之後再烤乾或晾乾。

若想乾淨俐落地切開堅果，先用烤箱或是微波爐把堅果加熱到軟，然後在放涼變脆之前，以非常鋒利的刀切開。

**新鮮的堅果醬**是由生的或是烤過的堅果或種子研磨而成，可用食物處理機、大功率的果汁機或是壓入式的果汁機來研磨。自製的堅果醬很少能像市售的那般細緻滑順。

製作堅果糊的時候，得把堅果或種子研磨到能夠彼此相黏的程度，以形成堅實的塊狀物。

若要製作質地細膩的杏仁糊，得加入粉糖來吸收持續研磨時杏仁所釋出的油脂。如果要製作不甜的杏仁糊，可以用玉米澱粉取代粉糖。

如果要製作成堅果醬，可以把堅果糊多研磨幾分鐘，直到堅果釋出的油能夠潤滑顆粒，讓整個糊狀物能夠緩慢流動。核桃、美國山核桃和松子的油脂含量豐富，很快就能從糊變成醬。

其他比較硬的堅果不容易磨碎，有時還會殘留粗的顆粒。

**堅果奶**是堅果中油脂和蛋白質懸浮在水中，風味十足，有益健康，能夠取代飲品、冰淇淋和其他菜餚中的牛乳。製作時若先去除會讓顏色發生變化的種皮，成品看起來會更像牛乳；倘若烘烤過，氣味更香。

堅果奶的製作方式：

‧把烘烤過、去皮的堅果放入果汁機或食物處理機中研磨，加入適量熱水，讓堅果顆粒保持油潤並且能夠滑動。

‧當顆粒研磨到非常細小，可加入足夠的水，製成稀薄、牛奶狀的液體。

‧用濾布過濾，並把留下的固體擠乾。

‧剩下的固體物質可在中溫烤箱烘乾之後，用來取代部分麵粉，加入餅乾或是烘焙食品中。

# COMMON NUTS AND SEEDS: ALMONDS TO WALNUTS
# 常見堅果與種子：杏仁到核桃

**杏仁**很容易去皮，含有異常豐富的維生素 E。由於採收與處理過程有可能受到沙門氏菌的污染，現在美國販售的杏仁都要經過高溫消毒。標準的「甜」杏仁氣味溫和。

杏仁萃取物是安全的濃縮香料，由具有苦味的杏仁提煉而成，這類杏仁含有氰化物，不論吃下多少，都足以造成嚴重的傷害。杏子、桃子和櫻桃核皆具類似的香味與風險。

**巴西核桃**體型較大，含有豐富的硒，這種元素人體不可或缺，但吃多了會產生毒性。適量食用巴西核桃以保安全。

**腰果**比其他堅果含有更多澱粉，很適合用來為湯、燉菜和其他布丁類的點心增稠。

**栗子**儲藏能量的物質是澱粉而非油脂。新鮮栗子充滿水分，容易壞，烤熟之後呈粉狀而不會酥脆。栗子乾燥磨成粉之後，能混入麵粉中用來製作糕點或是其他富含澱粉的食品。

要挑選結實堅硬的栗子。新鮮栗子買來之後要在室溫下存放一兩天，好讓一些澱粉轉換成糖，然後密封好冷藏，並盡快食用。

烤栗子時，在栗子底部切一個小缺口，讓蒸氣能夠散出。使用中溫烘烤，烤到栗子外殼脆裂到能夠剝開為止。

**椰子**是熱帶植物的種子，重達一兩公斤，具有木質的外殼。內部的成分一開始是液態，後來會轉變為牛奶般的膠狀，最後熟成時成為結實、濕潤、多脂的果肉。

要挑選手感沉重的椰子，搖晃時要有水聲。打開椰子時要準備錘子和螺絲起子，先在椰子一端鑽兩三個洞，倒出裡面的汁液，然後用錘子把椰子敲破成數片，將椰殼內側的椰肉刮下或切下，並把附著在椰肉上

的棕色皮層剝下。使用前要沖洗。

椰奶的製作方式，是把熟成椰子中取出的椰肉（或是拿乾的碎椰肉）加入熱水後加以磨碎、敲打或進行處理。椰肉糊加以揉捏之後，以濾布分離汁液和固狀物，液體靜置後會分成乳脂般的豐厚上層，以及牛奶般的稀薄下層。固狀物可再加入清水，重複這個過程。

罐裝椰奶通常會加入穩定用的麵粉或是澱粉，不具有新鮮椰奶那種乳脂般的黏稠度和完整風味。

**亞麻籽**小而扁，質地堅硬，通常用來加到其他食物中增添營養和風味。亞麻籽含有人體不可或缺的 ω-3 脂肪酸，是植物中最豐富的，同時還有大量的可溶性纖維，這種纖維在水中呈膠狀，有助於穩定醋一般的乳化液和泡沫。亞麻籽食用前要壓碎、研磨，以助身體吸收到最多養分。

**榛子**含有豐富的維生素 E，經烘烤、煎炸或是水煮之後，其獨特的風味會更加凸顯。榛子的中心是空的，內部表面很容易燒焦，烤的時候要用低溫並且經常檢查。

**澳洲堅果**的殼很硬，通常在包裝販售之前就已經剝除。選擇密封包裝的，倘若發黃就表示酸敗，不要購買。

**花生**在美國主要是當成零食或是孩童的食物，但在亞洲和非洲，花生是用來讓醬汁、湯和燉菜變得更豐厚黏稠的重要食材。花生有幾個常見品種，維吉尼亞種的風味最受好評。美國南方習慣把花生連殼在水中煮熟，這樣帶有香草的風味。帶殼花生如果長黴或是有霉味就要丟棄，因為花生生長在土裡，很容易受到感染。對某些人而言，花生會引起非常嚴重的過敏反應，因此花生若是入菜要特別聲明。

**松子**是各洲大陸松樹都會結出的種子。亞洲種松子含油量高達 3/4 以上，美國和歐洲種的松子則少一些。所有種類的松子都很脆弱而容易酸敗，因此要存放在陰涼處，並盡快食用。松子很容易烤焦，因此烤的時候要非常專注，且得用低溫烘烤。

**阿月渾子（開心果）**具有葉綠素所以呈現綠色，這在堅果中很少見，生長在高海拔且趁幼嫩時採收的更綠。若要保留開心果的綠色，加熱時

要溫和，而且時間要短，只要夠乾夠脆即可。

**罌粟子**就是鴉片原料罌粟的種子，其中微量的鴉片成分會在藥物測試中檢測出來，因此不要讓即將參賽的運動員食用。罌粟子在食用前要先檢查，細小種子所含的油脂有可能在處理過程中變質，此時通常會產生苦味或是胡椒味。

**南瓜子**和開心果一樣，因為含有葉綠素而呈現綠色，輕烤可以保持葉綠素。南瓜子有獨特的風味，接近肉類的風味。有些南瓜子的殼很厚，有些南瓜子則已經去殼，方便食用。去殼的南瓜子在烘烤時容易燒焦。南瓜子油的外觀很醒目：放在碗中是深褐色的，但沾在麵包上則變成深綠色。

**芝麻**有白色和黑色的，烘烤之後更能凸顯其獨特風味。芝麻是中東塔希尼芝麻糊（tahini）的主要原料。麻油是從烤過的芝麻取得，非常穩定而不容易酸敗。芝麻很小，容易焦，烘烤時要特別小心。

**葵花子**含有豐富的抗氧化物和維生素 E。

**核桃**和美國山核桃是遠親，卻有相似的裂瓣和紋路，也都含有大量人體不可或缺的脂肪酸，同時也很脆弱、容易酸敗，需要儲藏在陰涼處。挑選種皮顏色淡或是紅色的，這種澀味比較少，或是用熱水燙過以減少澀味。烘焙食品中若加入了核桃或山核桃，一經烘焙變會變色，避免的方法是核桃烘烤過再加入。核桃烘烤後，趁熱用質地粗糙的廚房毛巾把大部分的種皮擦除。

Breads are dry seeds turned into soft, fragrant and nourishing mass

# CHAPTER 17
## BREADS

## 麵包

堅硬的穀物化為柔軟的麵團，再形成
外表香脆、內部鬆軟的麵包。

麵包是經由廚師巧手，將堅硬的穀物化為柔軟的泥團，再將外皮烤得香脆，內部蒸得鬆軟。麵包有的緊實而扁平、有的輕軟而蓬鬆，或濕潤或乾燥，或酸或甜。最鬆軟的麵包是發過的，是由內部酵母菌所產生的細小氣泡或是簡單的化學反應所膨發。

1970 年代我學習製作酵母麵包時，標準程序要揉麵團 10~15 分鐘，好讓麵團有彈性，並且發得輕盈鬆軟。現在你依舊可以這樣費力製作麵包，但其實大可不必。烘焙師傅已經了解，麵團就算不揉捏或只是稍作揉捏，依然會輕盈鬆軟。所以，製作麵包雖然還是得花費數小時，但大多由酵母菌來完成。

製作美味麵包的關鍵之一，就是要知道麵團膨發到什麼程度才可切塊整形，送進烤箱。烤箱的熱會讓麵團膨脹得更高更蓬鬆。我發現烤出好麵包的方法，就是經常練習，這樣就知道何謂不足、何謂過頭，以及何謂剛好。

我在 1990 年代，發現灣區 Acme 麵包店的麵包非常好吃，由於想知道個中訣竅，就開始自己做麵包。結果一整年下來我幾乎天天都在做麵包，原因之一是我想熟練所有製作細節，不過主要還是因為我喜歡做麵包。每天早上我都迫不及待要起床看看昨天的麵團發得如何，或是聆聽充滿彈性的麵包內部冷卻收縮、外皮裂開所發出的聲音，還有感受刀子切過麵包時充滿彈性的停格。

烤麵包充滿樂趣，但的確需要事先計畫並花上一些時間。不過你也可以在短時間內製作出可口的薄餅。麵團多準備一些，好確定至少有一些麵包能夠真的端上桌。

# BREAD SAFETY
## 麵包的安全

　　麵包是完全煮熟的食物，除非放太久放到長黴，不然通常不會有安全問題。

　　發霉的麵包不要吃，如果只有一部分長黴，吃的時候把長黴的部分與周圍大片範圍都切掉，聞聞看，沒有味道再吃。黴菌的菌絲會伸展又深又廣，深入麵包內部，但是眼睛看不到。

　　**燙傷**是做麵包時最常見的風險，在將麵包放入或移出高熱烤箱時，要穿長袖的衣服，然後用乾布巾或是戴上隔熱手套拿取。

# SHOPPING FOR BREADS AND BAKING INGREDIENTS
## 挑選麵包與烘焙食材

　　一般沒有調味的麵包有兩種基本款。

　　**用塑膠袋包裝好的整塊或切片麵包**，通常是大量生產的，酵母菌是用來添加風味而不是讓麵包膨發。大量生產的麵包內部有緊實、如蛋糕般的質地，以及柔軟、帶著嚼勁的外皮，通常上架時已經做好了數日，含有延長保存期限的添加物。

　　**用紙袋包裝的整塊麵包**，通常不是大量生產，並由酵母菌來進行膨發。這種麵包內部空隙較大而不規則，外皮香脆，通常當天烤當天賣，倘若有防腐劑也是非常少。

　　大量生產的麵包很方便，品質穩定。少量生產的麵包則帶有新鮮烘

焙的質地與風味。

　　如果麵包買來要存放好幾天，選擇酸麵團或是老麵麵包，其中的酸味可減緩走味的速度。

　　製作麵包時，要仔細地閱讀食譜，確定買到正確的食材。不同種類的麵粉和酵母菌，未必可以彼此替換。

　　購買最新鮮的麵粉與酵母菌，並檢查最佳賞味期。如果買全穀類麵粉，可試試冷藏的袋裝產品。

# STORING BREAD AND RESTORING IT
## 麵包的保存與恢復

　　新鮮麵包經由極高溫烘焙而成，內部乾燥不適合細菌生長，因此麵包不像其他食物一樣容易腐敗。但如果要保存得當，也要費一點功夫。

　　麵包烤好之後，會壞掉的原因通常有二：一是黴菌生長而腐敗，二是老化走味或是質地變硬。

　　**麵包的表面如果夠潮濕、溫暖，就會長黴。**這種情況會發生，通常是麵包封在塑膠袋中，然後擺放於室溫下。

　　**麵包會老化走味，則是因為在烘烤過程中被拉長的澱粉分子又縮了回去，進而形成更為結實堅硬的結構。**麵包在室溫下會逐漸老化，冷藏時老化的速度快得多，冷凍時則非常慢。雖然麵包乾燥了之後也會變硬，但那是和老化不同的程序。

　　新鮮麵包若要放置一兩天，可存放於麵包盒內、透氣紙袋中或是流理檯上（切面朝下放在砧板上以減緩乾掉的速度）。酸麵團可以放置數日。切面可用鋁箔包好，以免吸收木板的氣味。

新鮮麵包若要存放好幾天，就密封冷凍，此時麵包的質地會比冷藏還要硬得多。

解凍麵包時，拆開包裝，把麵包放在室溫置於架上，或是用 120℃ 烘烤。

**麵包老化之後要恢復彈性並不難，加熱到 70℃ 以上即可**，如此能讓澱粉重新伸展開來。不過重新加熱也會蒸發掉一些水分，因此麵包會變得比較乾。

要讓整條或是半條老化的麵包恢復彈性，先在麵包皮噴水以免燒焦，然後放入中溫烤箱烤 15 分鐘，直到內部變得溫熱柔軟。

若是要讓幾片老化的麵包恢復彈性，可直接放入烤麵包機烘烤。烤好之後表面乾酥但是內部是柔軟的。

老化的麵包質地結實，適合製作麵包丁、麵包沙拉、布丁、法國土司，這些料理如果用新鮮麵包來做會解體。

# BREAD INGREDIENTS: FLOURS
# 麵包食材：麵粉

大部分的麵包由小麥麵粉製成，含有獨特的麩質，具有延展性與彈性，能夠包覆氣泡，產生輕盈、鬆軟的質地。

**高筋麵粉做出的麵團具有強韌的麩質，麵團很有彈性，能發得很好**。低筋麵粉揉製出的麩質脆弱，麵團拉長時很容易斷裂，而且發的效果不好。

**不含麩質的麵包**通常以在來米粉加上三仙膠來取代小麥麵粉，三仙膠能夠包覆一些氣體。

**不同的小麥麵粉製作出的麵包品質，差異可以非常大**，吸收的水量

也可以有很大差距。

　　盡量使用食譜指定的麵粉種類，如果要更換麵粉種類，就得調整水分的比例，而且效果未必良好。

　　**精製麵粉**包括中筋麵粉以及高筋麵粉，其中小麥裡富含纖維的麩皮外殼和油脂豐富的胚芽都已經去除，因此幾乎全是蛋白質和澱粉。

　　**「漂白」麵粉**經過化學處理，顏色較淡，麩質也較多，但是失去了一些微量的營養成分和風味。大部分手工麵包師傅偏好使用無漂白的麵粉。

　　**中筋麵粉**是製作麵包最常用的麵粉，也最容易買到。不過不同地區與廠牌的麩質含量並不相同，因此改用其他品牌時，有時得調整比例。

　　**高筋麵粉**所含的麩質比中筋麵粉多，因此需要較多的水分，製作出的麵團較有彈性，發得較好，麵包也有嚼勁，並且帶著獨特的淡淡雞蛋風味。

　　**全麥麵粉**保存了小麥的麩皮和胚芽，帶著棕色，有強烈的穀物風味，並含有較多營養成分（維生素、礦物質、抗氧化劑）。不過這種麵粉做出來的麵團麩質較少，口感也比較密實而濕潤。白色小麥品種磨出的全麥麵粉（以及做出的麵包），風味比較柔和。

　　市售的全麥麵粉容易走味並且產生苦味，要買最新鮮的全麥麵粉，並盡可能保持新鮮。

　　若想讓精製麵粉製成的麵包擁有全麥風味，可以把幾匙全麥穀粒磨成粉，加到麵團中。

　　**自發麵粉**不適合用來製作用酵母菌發酵的麵包，因為裡面已經含有可讓麵包和煎餅快速膨脹的發粉。

　　**非小麥磨成的粉（裸麥、大麥、米）**可增添麵包風味，但麵團會比較鬆散，且讓質地變得密實。如果要維持一定的鬆軟程度，這些粉不要超過總量的 1/4。

　　**小麥蛋白**是純化的麥麩蛋白。倘若麵團麩質不足，或是加添了會讓質地鬆散的脂肪和糖，可以加幾匙小麥蛋白以增加彈性，讓最後做出來的麵包更為鬆軟。

所有麵粉都得裝在密封容器，避免接觸空氣與光線，並把袋子中的空氣盡量壓出。全麥麵粉特別容易腐敗，密封之後要冷藏或冷凍，開封之前要放到室溫下回溫。

# BREAD INGREDIENTS: WATER AND SALT
# 麵包食材：水和鹽

**水**幾乎占了麵包麵團一半的重量。在食譜中，水和麵粉的比例非常重要，會直接影響麵團的揉捏方式和麵包質地。

**乾的麵團結實而容易揉捏**，做出來的麵包比較密實，有著小而均勻的氣泡。

**濕的麵團柔軟會黏手**，但是很容易膨發，做出來的麵包質地鬆軟，裡面有許多大而不均勻的氣泡。

**水中的化學成分也會影響到麵團與麵包。**硬水中的礦物質讓麵團更具彈性，鹼性的水也多少具備相同效果。

酸性的水會減弱麵團麩質的延展性，含氯量高的水則可能減緩酵母菌及酸麵團菌種的生長速度。

**鹽**可以讓麵包具有均衡的風味，並且凸顯出獨特的香氣，也會影響麵包的結構和口感。鹽還會稍微削減麵團的黏性，也使麩質更具延展性、麵包更鬆軟。在酸麵團中，鹽有助於抑制產酸的細菌，而酸會讓麩質的延展性減弱。

再三檢查食譜中所指定的鹽，如果你使用不同的鹽，就要調整分量。通常一茶匙粒狀食鹽的分量相當於兩茶匙的薄片猶太鹽。良好的比

例是400公克的麵粉用250毫升的水，加入8克食鹽。如果用體積來算，則是三杯麵粉配上一杯水，加上一茶匙粒狀食鹽。

# BREAD INGREDIENTS: YEASTS
# 麵包食材：酵母菌

酵母菌是活的微生物，能夠產生二氧化碳，並且讓麵包麵團充滿氣泡和風味。市面烘焙用的酵母菌有三種形式。拿來當成營養補充品的酵母菌不是活的，不能拿來發麵包。

**新鮮酵母**會製成潮濕的餅狀，以鋁箔包起。這種酵母菌會腐壞，必須冷藏。使用前先與 20~27℃的水混合，讓酵母菌復甦。

**活性乾酵母**會製成顆粒狀，通常放在密封的袋中，只要沒有開封，都可以在室溫下存放。使用前先與 40~43℃的溫水混合，讓酵母菌甦醒過來。

水的溫度如果超過 60℃，會殺死酵母菌，使得麵團無法膨發。

**即發酵母**的作用類似活性乾酵母，但是可直接和食材混合，不需先行復甦。

**酵母菌的比例能夠決定麵團發起的速度，以及麵包的風味**，依照食譜的不同，膨發情況可以差至十倍之多。

酵母菌少的配方，麵團發的速度慢，成品會有細緻的穀物風味。酵母菌多的配方，麵團發得快，成品會有強烈的酵母風味。袋裝酵母菌的風味可能很強烈，會蓋過穀物的風味。

# BREAD INGREDIENTS: PRE-FERMENTS AND STARTERS
# 麵包食材：預發酵麵團以及麵種

　　預發酵麵團以及麵種，都是讓酵母菌在麵團中活躍地生長數小時以上所製成，然後再混入新的麵團。不同麵種有不同名稱，包括 sponge、levain、biga 和 poolish。

　　**使用預發酵麵團與麵種製作出的麵包，風味複雜，保存期限也較長。**因為麵種能夠減少或消除袋裝酵母菌的強烈味道，並且納入產生風味的細菌。這種細菌製造的酸能夠減緩麵包老化與腐敗的速度。

　　**製作預發酵麵團時，**是把少量的市售酵母加入麵粉和水，放置數小時後製作而成。液態不加鹽麵團的發酵速度，要比固態加鹽的還快。

　　**製作酸麵團的麵種時，**並不使用市售酵母，而是讓麵粉和水混入其他各類食材（通常是水果、牛奶或蜂蜜），以此促進酵母菌生長。在這過程中，無害的細菌會生長並且產生酸，讓酸麵團出現酸味。

　　**酸麵團麵種的製作與保存並不容易，**要花費數日，才能讓膨發麵團的酵母菌生長到夠多。如果麵團中加入太多酵母菌，酵母菌便沒有足夠的養分，會導致麵種變得太酸，反而抑制酵母菌的生長，同時也減弱了麵團麩質的延展力。如此做出的麵包質地會密實而不鬆軟。

　　如果麵種太酸，可以先取一點，加入數倍分量的水和麵粉，然後定時加水加麵粉。剩下的酸麵團可加入一些小蘇打來中和酸性，用來製作美式煎餅。

　　如果要把麵種養得健康良好，每日要在半液態的麵種中加入清水和麵粉兩次，並把空氣攪打進去，同時用掉或是丟棄一些舊的麵種，這樣才有空間加入新的水和麵粉。如果這個辦法不可行，那麼就加入更多麵粉，做成硬麵團然後冷藏，之後每隔幾天拿一些這種生長緩慢的麵種重新繁殖。

麵種要拿來製作麵團，得先確定裡面有冒出氣泡，才表示酵母菌生長得健康良好。

如果麵種放在冰箱中休眠，使用前先拿出來放置一兩天，好讓酵母菌生長。

確定麵團中加入足量的鹽。細菌產生的酵素會讓麩質軟化，鹽能夠抑制這種酵素的作用。

用室溫的麵種來發麵，溫度控制在 20℃ 左右，這個溫度適合酵母菌生長。

如果要使用預發酵麵團或是麵種，發酵和烘焙的時間就要調整，每一種預發酵麵團與麵種所需的時間都不一樣。

# OTHER COMMON BREAD INGREDIENTS
## 其他麵包食材

烘焙師傅還會使用許多其他食材，調整麵團與麵包的品質，讓麵包的風味更豐富。

**維生素 C（抗壞血酸）**能加強麩質的結構。

**卵磷脂**能減緩麵包老化的速度，並且讓麵包質地結實。

**其他食材**大多會破壞麩質結構，使得麵包密實而柔軟，這些食材有堅果、全穀物和水果乾。此外：

**糖和蜂蜜**會讓麵包變甜，同時易於保持水分，並減緩老化的速度。少量的糖或蜂蜜可以刺激酵母菌生長，但是糖分若太多則會減緩酵母菌的生長速度。

**油脂**會減緩水分流失的速度，同時提供麵包特殊的濕潤感。

**牛奶和其他乳製品**會提供奶香，並加快褐變速度。乳製品中的蛋白質與乳糖在烘焙時也會產生更多風味。

**全蛋和蛋黃**會增添風味與油脂的濕潤感，加深麵包的顏色，並減緩老化速度。

# THE ESSENTIALS OF MAKING YEAST BREADS
# 酵母麵包製作要點

製作優質的酵母麵包，需要好的麵粉、適當分量的水和生命力旺盛的酵母菌，再加上正確的時間，並且能靈活應變。

盡量依照食譜指定的重量，使用準確的秤來秤重。由於麵粉包裝有緊有鬆，因此同樣重量的麵粉，體積不一定相同。你在廚房用量杯量出的麵粉分量，可能和食譜作者指定的量有不少差距。

**食譜中水與麵粉的比例會決定麵團的黏度和麵包的質地**。麵粉的種類也很重要，原因之一是不同麵粉吸水程度也不同。高筋麵粉比中筋麵粉會吸水，全穀類麵粉比精製麵粉會吸水。

**貝果**中水和麵粉的重量比是 1：2，以此製作出的麵團非常結實，進而烘焙出十分密實而有嚼勁的貝果。

**標準的白土司**含水量約 65%，這樣的麵團結實又容易揉捏，麵包的質地密實而均勻。

**法國棍子麵包**含水量約 70%，這樣的麵團延展性高，內部的孔隙也更大。

**義大利拖鞋麵包**含水量約 75%，這樣的麵團很黏手，不容易揉捏，內部的孔隙大而不均勻。如果使用的是吸水性高的高筋麵粉，相同的含水量可以製作披薩麵團，這種麵團很容易揉捏與伸展開來。

如果含水量更高，介於 80~90%，這樣的麵團可以拿起和折疊，但是無法揉捏。放入烤箱時可能會扁塌，烘烤後卻如同舒芙蕾一樣膨脹起來，烤成濕潤而形狀不均勻的麵包。

一般家用麵包的食譜，分量通常都只有做幾個麵包。此時只要麵粉和水的分量增加或減少幾匙，就能讓麵團變成疏鬆的義大利拖鞋麵包，或是質地結實的白吐司。


**製作麵包有五個步驟：**
　．乾濕食材混合後，製成麵團；
　．揉捏麵團直到產生足夠的彈性；
　．讓麵團發起，並再次揉捏以產生彈性；
　．然後把麵團製成適當的形狀；
　．拿去烘焙。
製作麵包的過程有幾種常用的方式，每一種都有其優點與缺點。


**以手工混合食材、揉捏麵團**，花費 30~45 分鐘，還需要清理。
**以桌上型攪拌器或是食物處理機混合、揉黏**，省下 10~15 分鐘的手工時間，也不太需要清理。
**「無揉捏」混合法**，省下手工操作與清洗時間，製作的麵包也能和手工與機器一樣好。
**快速發麵法**，幾個小時之內，便能把澱粉變成新鮮烘焙的麵包，但是需要大量酵母菌、溫暖的發酵溫度，成品會有強烈的加工酵母味。
**慢速發麵法**，使用少量的酵母菌或是麵種，花很長的時間讓酵母菌生長、產生風味，製出的麵包風味更佳。過程中許多步驟的時間都很有彈性，但是需要事先規劃，因為有些步驟要花一整天或一整夜。
**麵包機**，自動完成混合食材、揉捏、發麵、烘焙的程序，節省時間和清理工作，但是無法做出最完美的質地和風味。
你得發展最適合你的個人作法，試驗各種食譜，採用最適合你廚房與生活的方法。

# MIXING AND KNEADING DOUGH
## 混合食材、揉捏麵團

　　**混合**麵粉、水、酵母，以及其他食材，製成麵團。此時麩質蛋白質也會連結起來，形成能夠包裹氣泡的結構，讓麵團內部鬆軟、充滿氣體。

　　手工製作麵團時，如果要減少清理上的麻煩，可在大的淺碗中混合食材與揉捏麵團，然後把製好的麵團放到深的碗中發麵，這樣只要用軟的塑膠刮杓清理淺碗即可。

　　桌上型攪拌器在混合食材與攪拌麵團時，要在一旁顧著。有時候麵團會爬高而黏住機器，導致機器在流理檯上移動。

　　要在一分鐘之內把麵團混合好，請使用食物處理機。注意可能會攪拌過頭，而且溫度會過高。一開始用冷水，再很快灑入剛好足以形成麵團的水量，讓麵團冷卻到 20~25℃ 之後才加蓋讓酵母菌發酵。

　　**揉捏**新做好的麵團，以增強麩質結構。而重複延展麵團可以增加麩質捕捉空氣的能力，增加麵團中的小氣泡。這些氣泡在發酵和烘焙的時候會膨脹。

　　**揉捏這個過程可以省略或是調整**。在發麵時氣泡膨脹的過程中，麵團中的麩質也會得到伸展與強化。

　　盡情揉捏麵團，如果你喜歡看到與感受麵團隨著揉捏過程越來越有彈性，那麼就做吧。麵團發得快（幾個小時之內）尤其需要揉捏，因為麵團延展的時間很短，充分揉捏能夠幫助麩質捕捉空氣。

　　省略或是縮短揉捏過程，尤其如果你時間不多，只要麵團已經發麵超過一整夜，更可以如此。

　　如果麵團太濕，難以揉捏，可以「拉長、折疊」，用手、鏟子或刮杓把麵團的邊緣拉長再折疊到麵團上。沿著麵團邊緣如此操作一回，然後讓麵團醒一下，如果有必要或是食譜有指示，再重複這個步驟。

# FERMENTING DOUGH
# 麵團發酵

　　發酵或膨發的過程中，酵母菌會生長，並且讓麵團中充滿二氧化碳的小氣泡。發酵可能需要 1~2 個小時，也可能超過 24 小時，發酵時間由酵母菌的量、麵種活性以及溫度所決定。

　　麵團要放到深而窄的碗中發酵，容量至少要有麵團的三倍。深而窄的碗有助於麵團保留發酵產生的氣體，並讓麩質結構完全伸展。碗要加蓋以免麵團乾掉。

**　　麵團的溫度強烈會影響膨發的時間和麵包的風味。**

　　酵母菌是活的細胞，在溫暖的情況下非常活躍。在較冷的室溫下，酵母菌生長、膨發緩慢，會產生比較細緻而複雜的風味。較高的溫度會加快酵母菌製造氣體的速度，並產生較強烈的風味。每增加 6℃ 會使發酵的時間減少 1/3。

　　若要加速發酵，把麵團放到溫暖的地方，約 27~30℃，如此麵團便會產生強烈的酵母菌風味。

　　若要麵包有著較為細緻而複雜的風味，那麼就在較為陰涼的地方膨發，約 20~25℃ 或更低。

　　讓發酵中的麵團膨發到很大，用手戳戳看，覺得鬆軟而非密實有彈性即可。

　　沿著邊緣把麵團刮下，輕輕揉捏讓麵團縮小一點，使麩質的結構得以重整。如果你有時間，重複膨發、刮下這個步驟，可讓麩質與風味發展得更充分。

**　　冷藏是減緩發酵的好方法。**

　　冰箱的溫度會減緩酵母菌的代謝作用，讓麵團膨發得慢。低溫也使麵團比較結實，容易處理。

　　麵團冷藏後，可以放置數日後才烤。你可以先混合好一大塊麵團冷藏，之後數日每天拿出一部分來烘烤新鮮麵包。

如果要內部的結構比較疏鬆，在最後的發酵步驟之後，將麵團放到冰箱中冷藏 12~24 小時。冷藏時麵團中的氣體會重新分布，會形成數量較少、體積更大的氣泡。

# FORMING AND RAISING LOAVES
# 麵團整形與膨發

讓麵團有時間醒。當你要分切發好的麵團，並塑造適合的形狀時，可以定時暫停一下，讓每塊麵團可以醒個幾分鐘。麵團一經拉長便會縮回，而且不容易塑形，但在醒麵的時候麵團就會放鬆了。

如果要製作結構細緻而密實的麵包（通常用來做三明治或是會存放好幾天），那麼就把麵團形塑成大而密實的麵包團。

如果要製造內部疏鬆、孔隙大小不均，而外皮香脆的麵包，那麼就得製作長條或小型的麵包，例如法國棍子麵包、義大利拖鞋麵包或是麵包捲。薄或小的麵包團在烤箱中膨脹的速度比較快，形成外皮的面積也比較大。

如果要麵包內裡比較鬆軟，可以把塑形好的麵團放在麵包烤模、碗或是籃子中發麵。如果要麵包比較快烤好，外皮顏色較深而厚，可把麵包放在深色的金屬烤盤或玻璃烤盤中。

如果麵包團會黏在碗或是籃子上，可以在碗或是籃子覆上一層撒了小麥麩皮或玉米粉的布巾，記得這些粉要磨細以免結塊。

要讓成形的麵包團發到充分膨發，但是依然要保持彈性。

要讓麵包團在烘烤時充分膨脹，並點綴外觀，可在麵包團烘焙之前，用非常鋒利的刀或是刀片在表面斜劃幾刀。如此一來，麵包在烘焙過程中，濕潤的內部會推開脆硬的外皮充分膨脹，讓將麵包往上與四周推開。

# BAKING
# 烘焙

　　在烘焙的過程中，讓柔軟、容易破裂的麵團轉變成穩定、結實的麵包。烤箱的熱度使氣泡膨脹，讓麵包膨發，也讓澱粉與麩質形成穩定的結構。一開始的數分鐘內，蒸氣的熱度會使得麵包膨發得非常大，然後產生光亮的外皮。

　　麵包較適合以電烤箱來烘焙。電烤箱比瓦斯烤箱密閉，較能保存烤箱中的水分。

　　傳統麵包烤窯溫度高而且加熱均勻，若要讓一般烤箱模擬這種狀態，可在烤箱底部放置能保持溫度的陶瓷板，並且要預熱夠久，將烤箱和陶瓷板加熱到 230℃。現代的烤箱加熱元件會時開時關，很容易讓麵團的頂部和底部燒焦。

　　在烘焙石板或是陶瓷板上烤麵包，而不用烤盤，這樣麵團一開始會膨脹得非常好，形成厚而香脆的底部。烤箱要預熱 30 分鐘，好讓石板或是陶瓷板夠熱。

　　如果你要烤箱中充滿蒸氣，可以在鑄鐵鍋上放置乾淨的鵝卵石或是小石頭、沉重的鐵鍊，或是大的鐵珠。將這些東西放置在麵包預定位置的旁邊或下方，然後用最高溫預熱烤箱及烤盤至少 30 分鐘。

　　把麵包團放進烤箱時，丟十多個冰塊到烤盤中，立即關緊烤箱的門。要小心，如果丟錯地方，冰塊會讓烘焙石板破裂、烤箱底板彎曲，蒸氣也立即燒傷皮膚。此時把溫度調低到 230℃。

　　若要利用麵團本身產生的蒸氣，可把麵團放入陶製鐘形蓋，或是有蓋的鍋子裡，這樣就成了烤箱中的密閉烤箱。鍋子與蓋子要在烤箱中預熱，然後小心取出，再把麵團放入鍋中，加蓋後放回烤箱。

　　盡量避免碰撞麵包團，送進烤箱的過程中要注意，以免氣泡破滅，麵團消下去。濕的麵團比較鬆軟，在烤箱中會很快膨脹，因此比較禁得

起撞擊。麵團放到無邊的鍋子或是麵包鏟上，把麵包團送進烤箱。在麵團底部，或是在鏟子／鍋子表面撒上小麥麩皮，或是墊上烘焙紙，這樣麵團就不會黏著而比較容易滑動。

麵包完全烤好後才把紙剝除，或是等烤到紙能夠輕易脫落才剝除。

10~15 分鐘之後，將烤箱的溫度降到 200℃，以免加熱元件把麵包烤焦。如果麵包團褐變不均勻，可以翻面和移動。

檢查熟度，在麵包表面均勻褐變之後即可進行。輕拍麵包底部，如果完全烤熟，會發出類似共鳴、空心的聲音。即時顯示的溫度計插入麵包中，顯示的溫度應該在 93~100℃。

如果麵包皮較厚，或是你懷疑還沒有熟，可以繼續烤。如果麵包皮的顏色加深了，可以把溫度調降到 120~150℃。

烤好的麵包要放到爐架或是其他架子上，而不是實心的表面，這樣水氣無法散去，底部的皮會變軟。

忍住去分切熱騰騰麵包的衝動。此時切麵包，即使是鋒利的刀子也會拉扯和壓縮麵包柔軟的內部。

麵包要完全冷卻之後才能包裝。

# UNUSUAL RAISED BREADS: BAGELS AND SWEET BREADS
# 特殊的膨發麵包：貝果和甜麵包

有些流行的膨發麵包需要特殊的處理過程。

貝果是小而有嚼勁的麵包，表面光滑、內部扎實。用高筋麵粉做出比較乾而且堅硬的麵團，把麵團捏塑成圓圈之後，先冷藏一個晚上以延遲發酵，然後放到滾水中，每面煮 2~3 分鐘以做出外皮，然後再烘焙。

**法式奶油麵包、義大利水果蛋糕和其他甜而且有加料的麵包**，因為加了糖、蛋或是奶油，因此需要調整一些方法。大量的糖使酵母菌生長減緩，而麵包團在烤箱中的褐變速度則會加快。蛋和奶油會讓麩質的力量減弱。好的食譜會說明酵母菌所需增加的量，並且讓膨發的時間加長，而烘焙溫度則要降低。此外，好食譜通常還會指出要先把其他食材混合揉捏好，讓麩質形成之後，再加入蛋和黃油。這類麵團冷藏後會變得結實，比較容易處理與塑形。

## FLATBREADS: PITA, TORTILLAS, ROTI, NAAN, INJERA, CRACKERS, AND OTHERS
## 無酵餅：希臘袋餅、墨西哥薄圓餅、印度麵包餅、饢、因傑拉餅、蘇打餅等

無酵餅是方便的傳統食物，能快速享受到新鮮烘焙麵包的美味。製作無酵餅只需花幾分鐘製作麵團，把麵團桿薄，然後在熱的表面上加熱到熟即可。

製作無酵餅更方便的方法，是把麵團在冰箱中放置一個星期，想吃的時候拿一些麵團來烘焙即可。

**任何可以揉成團狀的穀物粉都可以拿來做無酵餅**，甚至是屬於豆類的鷹嘴豆粉。用全穀類麵粉製作出的無酵餅有特殊風味，而且比較營養。發酵過的小麥麵團做成的餅特別鬆軟。

要以未發酵麵團製作出柔軟的無酵餅，必須把餅桿成或壓薄到0.3~0.6公分厚，在高溫下快速加熱。

厚的餅和低溫會讓餅熟得較慢，且質地較乾而堅韌。發酵的麵團會產生氣泡而比較軟，因此做出的餅會有某個厚度。

無酵餅最好放在高熱燒烤盤上烤熟，也可置於低鍋邊的平底鍋上，或是放置於已在烤箱中預熱到 260℃的陶瓷烘焙石板上。

　　用非接觸式溫度計測量溫度是否足夠，或是撒一些麵粉到加熱的器具表面，如果夠熱，麵粉應該要在幾秒鐘之內褐變。無酵餅應偶爾翻面，直到表面起泡變色。烤熟的餅疊在一起，以保持溫度與濕度，要吃之前才分開。

　　如果要製作口袋餅，兩面可以拉開好放置其他食材，那麼麵團的厚度要到達 0.3 公分。太厚的餅內部太扎實，不容易平均分成兩片。

　　隔餐的無酵餅要回軟，可以在爐子上直接用小火加熱，或放在燒烤盤用中火加熱，也可以夾在兩張盤子中用微波爐加熱。

　　如果要製作乾的蘇打餅，就要把麵皮桿得非常薄，用叉子尖輕戳以免起泡，切塊然後放到中溫的烤箱中烤乾、烤脆。

# PIZZAS
# 披薩

　　披薩是用發酵的麵團所製成的薄餅，上頭鋪放了各種配料。披薩有許多種類，有厚有薄，有的有嚼勁有的香脆，有的則柔軟。

　　最早的披薩起源於義大利的那不勒斯，是薄皮披薩，有香脆的外殼，在木柴加熱的高溫烤窯中，於 2~3 分鐘之內烤得些微焦黑。

　　製作披薩主要的困難在於把麵團延展成薄的圓餅，並且毫髮無傷地滑入烤箱。

　　要製作容易處理的披薩麵團：

　　‧首先做較濕的麵團，這樣容易桿開。

　　‧麵團膨發之後，就要用力摔打，減少其中的氣泡，以免烘烤時產生氣泡。

．把麵團分成小塊。麵團餅的大小，取決於你的盤子，而不是披薩店的尺寸。如果時間夠，麵團可以先冷藏，這樣比較好處理。

．把麵團拉或桿成薄餅。在這個過程中，要定時讓麵團醒一下，好讓其中的麩質放鬆，減少麩質收縮的力量。如果要製作薄皮披薩，厚度在 3~5 毫米。

．如果要讓餅皮香脆、風味十足，把麵皮先準備好，再滑進烤箱中預熱的烘焙石板。

把麵皮放到無邊的平底鍋或麵包鏟上，送進烤箱。在麵皮底部或是在鏟子／鍋子表面撒上小麥麩皮，或是墊上適當剪裁的烘焙紙。最方便的方法是在披薩烤盤上做麵皮，然後連著盤子送進烤箱。

．把披薩料輕柔而謹慎地放到麵皮上，不要把麵皮壓扁而使餅皮不易拿起，或是造成麵皮軟爛。如果披薩料的蔬菜無法在幾分鐘內以高溫煮軟，就要先煮過並擠出多餘的水分。

烤箱預熱到最高溫，若要使用烘焙石板，就放在烤箱加熱元件的上方或下方。若烘焙石板放置在上方加熱元件的正下方，便在較低的架上再放一片烘焙石板（或烤盤），烤出來的披薩上層會比外皮快熟。

以來自上方的熱加熱披薩的上表面，並且加熱披薩之間的石板。

迅速而俐落地把披薩滑到烘焙石板上，或者可在麵皮下方鋪放烘焙紙。確定烘焙紙邊緣沒有露出太多，以免被加熱元件點燃。披薩表面開始焦黑時即可取出。

要讓披薩餅皮香脆，披薩從烤箱取出後，放到架子上冷卻，再用廚房剪刀剪開。如果熱的披薩放在會吸收濕氣的砧板或是盤子上，會很容易變軟。

# QUICK BREADS
# 速發麵包

　　速發麵包包括了司康餅、蘇打麵包和玉米麵包，這些麵包以發粉或小蘇打快速膨發，而不是用緩慢的酵母菌。速發麵包柔軟而缺乏嚼勁，比較類似少糖少脂肪的蛋糕和英式鬆餅。速發麵包很快就會老化。

　　**化學膨發劑方便而古怪**。小蘇打需要酸才能製造二氧化碳，酸通常由白脫牛奶來提供。發粉則是小蘇打添加一種或數種的酸，不需其他添加物就可以讓麵團發起來。

　　使用新鮮的小蘇打或是發粉。舊的通常發不好，而且有怪味。

　　確定食譜中，有指示小蘇打要搭配的酸性食材。如果沒有加入酸，成品將會密實而且有肥皂味。

　　把小蘇打或是發粉和其他乾性食材充分混合，大概需要攪拌 60 秒。如果膨發劑混合得不均勻，會使質地也不均勻，同時產生褐色的斑點等奇怪的顏色，例如胡蘿蔔絲會變成綠色，胡桃會變成藍色。

　　濕料和乾料快速混合之後就立即烘焙。化學膨發劑一旦打濕，便會開始產生二氧化碳。製作麵團的過程會使麩質堅韌。

　　如果要速發麵包不那麼快老化，就採用全穀粉、一些油脂、蛋黃或糖的食譜，或是需要加入酸性食材和發粉的食譜。酸的麵包老化的速度較慢。

　　老化的速發麵包可以重新加熱之後來恢復。

　　**比司吉麵團含有豐富奶油、豬油或起酥油，以發粉和蒸氣讓麵團膨發。倘若麵團較硬，便桿成 1.3 公分厚再切成圓盤狀，倘若麵團較軟，就捏成形狀隨意的一口大小。比司吉通常很小，很快就能烤好，利用烤箱的高熱讓麵團膨脹。

　　使用低筋麵粉來製作比司吉，盡量不要揉捏麵團，以免產生麩質與嚼勁。用美國東南方品牌的低筋麵粉或是一般酥皮麵粉來製作，或是將中筋麵粉與玉米澱粉以 2：1 的比例混合製作。

使用非常鋒利的刀子，如果麵團邊緣受到擠壓，會影響到烘焙時的膨脹情況。

用非常熱的烤箱烘烤，這樣才能讓麵團裡產生最多蒸氣。

# FRIED BREADS: DOUGHNUTS AND FRITTERS
# 炸麵包：甜甜圈和油炸餡餅

甜甜圈和油炸餡餅是將麵團深炸而成，有些則是用較接近液態的麵糊製成。甜甜圈通常是甜的，油炸餡餅則有甜有鹹。

用新鮮、無味的油來炸甜甜圈和油炸餡餅，不要使用有味道的玉米油或橄欖油。

如果甜甜圈和油炸餡餅會放到冷了才吃，就以起酥油或是其他在室溫下是固體的脂肪來炸，如此一來，甜甜圈的表面才會光亮而不油膩。

油炸的溫度約 175℃，低溫會使得麵團吸更多油，高出這個溫度會則會使得麵團表面在內部未熟之時便已褐變。越甜的麵團越快褐變。鍋子裡不要放太多麵團，這會使油溫下降太多，而且很慢才會回復到原來的溫度。

立即用力甩掉過量的油。要趁著甜甜圈和油炸餡餅起鍋時，表面的油依然高溫且在流動之時甩掉。

Pastries
offer the
pleasant
of dryness
crisp and
browned

# CHAPTER 18

## PASTRIES AND PIES

## 酥皮與派

這是穀物、水和空氣,所結合成的焦香風味和乾酥愉悅感受。

酥皮帶來的是乾酥的愉悅感受，鬆脆、易碎、薄酥，有著焦香風味。酥皮和麵包一樣，是把穀物粉、水和空氣混合之後，煮成固體。不過酥皮幾乎不含水分，而有能夠讓質地鬆軟的脂肪；脂肪能夠破壞麵團結構，避免麵團變硬。有些酥皮本身就能作為一道菜餚，有些則會包覆著其他食材，而帶來對比性的口感，例如濕潤的水果、濃郁的卡士達，或是鹹的燉肉或肉泥。

製作酥皮並不容易，因為有些方法很容易失敗。有些酥皮的水量之少，只是用來把食材連結在一起。有時烘焙溫度差個幾度，就會讓奶油原本適中的黏稠度，變成太過堅硬而使得麵團碎裂，不然就是導致麵團太軟。製作奧式餡餅卷、薄酥皮和起酥皮的麵團層，每層都比人類的頭髮還要薄。如果不保持濕度，很快就會乾裂。

這些非常薄的酥皮層是以特定方法來揉製麵團，如果用文字描述可是又臭又長，不過用看的就很快能夠了解。本章我只會擷取基本的方法與原理，至於每一步驟的細節與技巧，可搜尋網路上一些很好的示範影片。

我發現製作酥皮就和其他烘焙食品一樣，美味的關鍵就在於常做，最好是一兩天就做一次，這樣你就會發現失敗之處，並體驗出哪些跡象意味著會做出成功的酥皮。如果你只是偶爾製作酥皮，那麼就放鬆心情，好好享受這個獨特的烘焙之旅。失敗的酥皮嘗起來大多依然不錯，一旦你吃到絕佳的酥皮時，就更能欣賞烘焙師傅的手藝。

# PASTRY SAFETY
## 酥皮食物的安全

大部分的酥皮食物對於人體不會造成傷害，因為酥皮是完全熟透的食物，而且乾燥的環境不適合微生物生長。

有餡的酥皮食物，尤其是餡裡含有蛋、乳製品或是肉類，就有可能提供足夠的水分和營養，讓有害的微生物得以生長，不過這些食物還是可以在室溫下放置好幾個小時。

如果要把有餡酥皮食物的致病風險降到最低，最好就是盡快吃掉，不然就冷藏或冷凍，在食用之前至少加熱到70℃。


# SHOPPING FOR PASTRY INGREDIENTS AND STORING PASTRIES
## 挑選與保存酥皮食材

酥皮的食材大多是食物櫃中的基本配備：麵粉、糖、脂肪和油。這些食材當然是越新鮮越好，以免一開始食物就走味。

仔細閱讀食譜，確定你買到或使用的是正確食材。

麵粉、糖和脂肪有許多種類，通常不可以互換。

生的派皮、起酥皮等酥皮麵團要冷凍，記得要包緊以免吸附冰箱異味或是被凍壞。有些從冷凍庫取出就可以立即烤，有些則要在冷藏室解凍後才能使用。

不含乳製品或肉類內餡的熟酥皮食物，在乾燥的天氣中可以放在麵包箱或紙袋中一兩天；倘若天氣潮濕就要包緊。如果要放得更久，就得

包緊然後冷藏或冷凍。

含乳製品與肉類內餡的熟酥皮食物要包緊，冷藏或是冷凍可以存放數日。

# SPECIAL TOOLS FOR PASTRY MAKING
# 製作酥皮的特殊器具

製作酥皮時，最好有一些特殊的器具。

**大理石板或是花岡岩板** ，熱容量高，相當有用。酥皮麵團在上面揉製時，能夠讓麵團中的脂肪維持低溫，不會變得太軟。

**桿麵棍**能把酥皮麵團桿成均勻薄層。桿麵棍的材質有木頭、金屬和塑膠的，有不同的形狀和大小，有的還有把手。塑膠和不沾塗層的桿麵棍比較不會黏住麵團，而且好清洗。

**桿麵棍墊圈**類似橡皮筋，套在桿麵棍兩端就可以把桿麵棍的距離抬高，如此很容易製作出一定厚度的麵皮。

**擠花器和擠花袋**能夠把泡芙麵團等柔軟的食材（例如發泡鮮奶油、酥皮鮮奶油、糖衣），形塑成漂亮的形狀或圖樣。

**餡餅和派**的烤模會影響烤箱熱度穿透酥皮麵團的速度。這些器皿有許多拋光方式、形狀和大小，這些因素都會影響加熱過程，而需要依此調整烘焙的時間與溫度。未經拋光的沉重金屬盤是個好選擇。

厚重的金屬烤模會比薄的更能均勻而快速地導熱。光亮的烤模會反射熱，使得加熱速度較慢。沒有拋光的表面吸熱與導熱的速度都較快。黑色表面的烤模導熱最快。

玻璃器皿能讓一些熱輻射直接通過，抵達酥皮，因此加熱速度比不透明的陶瓷器皿更快。

# PASTRY INGREDIENTS: FLOURS AND STARCHES
# 酥皮食材：麵粉與澱粉

　　用來製作酥皮中固體黏著部分的麵粉與澱粉有好幾種。這些食材並不相同，因此無法彼此取代。比起蛋白質含量中等的中筋麵粉，蛋白質含量低的酥皮麵粉與低筋麵粉所形成的麩質比較柔軟，吸收的水分也較少。所以如果加入相同水量，中筋麵粉做成的麵團會比較硬，而用酥皮麵粉或低筋麵粉作成的就會比較濕黏。

　　使用食譜指示的麵粉，倘若有困難，就要事先準備調整好比例的麵粉。加入小麥麩質可以提高麵粉中蛋白質的比例，而加入玉米澱粉則可以減少蛋白質的比例。

　　**中筋麵粉**的蛋白質含量中等，應用範圍較廣，但是不同牌子與產地的中筋麵粉，蛋白質含量並不相同。盡量使用食譜中指定的牌子，或是留心可能需要調整的部分。美國南方品牌的蛋白質含量較低，適合用來製作鬆軟的酥皮。美國東北和西北方品牌的蛋白質含量較高，適合用來製作薄片酥皮。全國性品牌的蛋白質含量最為適中，用途廣泛。

　　**酥皮麵粉**的蛋白質含量較少，能夠做出鬆軟的派皮與餅乾，但是在超級市場中不容易找到，此時可用兩份的中筋麵粉混合一份的低筋麵粉（重量比或體積比皆可），便可達到類似的效果。

　　**低筋麵粉（蛋糕麵粉）**的蛋白質含量低，而且經過化學處理，能夠吸收大量的糖和脂肪。六份的中筋麵粉和一份的玉米澱粉混合後，也可以達到低筋麵粉的效果。

　　**高筋麵粉（麵包麵粉）**含有大量的麩質蛋白，有時製作泡芙或起酥皮時會用到。

　　**全麥麵粉**可賦予食物更多的風味、顏色和營養。不過製作出來的成品很快就會走味，然後產生苦味與酸敗的味道。

檢查包裝上的食用期限，之後密封冷藏或冷凍。開封之前先讓包裝恢復到室溫。

**預煮或是速溶麵粉**（包裝通常類似速成肉汁醬料食材），有時會用來製作速成的酥皮麵團。這類麵粉其實比較類似澱粉，會出現烹煮味。

**玉米澱粉**是不含蛋白質的純澱粉，通常能夠用來為水果派的內餡增稠。玉米澱粉和中筋麵粉混用，可以降低蛋白質的比例，製作出比較鬆軟的酥皮。

**木薯粉和木薯澱粉**是不含蛋白質的澱粉，通常能夠用來為水果派的內餡增稠。用木薯粉增稠的內餡比用玉米澱粉的更透明。

# PASTRY INGREDIENTS: FATS AND OILS
# 酥皮食材：脂肪與油

脂肪能夠賦予酥皮風味、濕潤感和濃郁的口感，不過最重要的工作是破壞麵團結構，讓食物能分層、酥脆。固態奶油、豬油和起酥油能製作出片狀或酥脆的酥皮。半固體狀的家禽油脂和液態油脂能讓酥皮柔軟而酥脆。塗抹用的低脂奶油不能用來製作酥皮。

**脂肪會走味、酸敗**，當脂肪暴露空氣與光線之下，會使得做好的酥皮報銷。

脂肪在使用之前要檢查看看有無走味。奶油、豬油和起酥油表面變色之處要刮除，然後取一點來炸小塊白麵包以測試風味。

**奶油**很美味，能夠製作出好吃的酥皮，但是如果要做出薄片酥皮，那麼用起酥油來製作會容易得多。奶油在低溫時易碎又不易處理，方便操作的溫度只有幾度的範圍。在體溫與體溫之上，奶油就會變軟、融化，

變得無法操作使用。

　　奶油含有 15% 的水分，通常還加了鹽。比起一般美國奶油，歐式奶油的脂含量通常較高，含水量則較少。大部分的酥皮食譜都會指定使用無鹽奶油。如果換成其他種類，要注意調整成分，加入水或鹽。

　　**豬油**是豬的脂肪，質地柔軟，但是融化的溫度比奶油高，適合製作薄片酥皮。豬油在買來之後很容易走味，甚至購買時就有可能已經不新鮮。大部分市售豬油都含有抗氧化劑，並且做過氫化處理以減緩腐壞速度，因此也可能含有有礙健康的反式脂肪。購買之前要確認有效期限，挑選最新鮮的產品。也可以從肉販或是傳統市場中購買新鮮的豬油。

　　**蔬菜起酥油**是以蔬菜油經化學方法改變而製成，這種固態脂肪適合用來製作酥皮與蛋糕，適用的溫度範圍很廣，而且其中已經預先灌入了能夠讓麵團發起的氮氣氣泡。有些起酥油沒有添加風味，也有添加奶油香料的。大部分的起酥油已經不再含有反式脂肪。

　　**蔬菜油**在室溫下是液態，因此無法像奶油和起酥油一般，讓麵團形成分離的片層結構。蔬菜油的作用在於讓麵團變得柔軟濕潤。

# OTHER PASTRY INGREDIENTS
# 其他酥皮食材

　　酥皮麵團通常還含有其他能夠影響風味和質地的食材。

　　**鹽**具有平衡風味的功用，可以用於鹹的酥皮和甜的酥皮。

　　**糖能夠讓酥皮變甜也變得柔軟**，因為糖能吸收水分，限制麩質結構的產生。在低含水量的麵團中，粉糖可以快速而確實地溶解。

　　**液體的食材**通常是在酥皮麵團製作過程的最後才加入，以盡量減少麩質結構的形成，否則麵團會變硬，製作出有嚼勁的酥皮。水和麵粉的

比例會影響麵團的硬度以及最後成品的質地。

**醋**或某些酸性食材加入麵團後，能夠限制麩質結構的形成，並讓酥皮麵團變得更柔軟。

**雞蛋**能夠讓食材黏聚在一起；蛋黃能賦予麵團顏色、濃郁的口感和風味。

使用食譜指定的雞蛋。不同大小的雞蛋會破壞液體和麵粉的決定性平衡。

**乳製品**，如牛奶、鮮奶油、奶油乳酪、陳年乳酪等，都含有能讓麵團柔軟的脂肪，不但能貢獻本身的風味，也能讓酥皮的褐變反應發生得更快更重。

# THE ESSENTIALS OF PASTRY MAKING
# 酥皮製作要點

大部分酥皮麵團都比較硬，主要食材是麵粉、足以讓麵粉顆粒黏聚的水分，還有能夠破壞麵團結構的油脂，後者能使烘焙完成的酥皮變得柔軟而易碎，不至硬邦邦的。

**酥皮結構和質地**的影響因素有二：廚師所挑選的脂肪或油，以及混合油脂與麵粉的方式。

·**如果要製作酥脆酥皮**（crumbly pastry），就得讓油脂與麵粉充分混合。

·**如果要製作薄片酥皮**（flaky pastry），先把固態脂肪剝成一塊塊，再桿成一片片薄片，用來把麵團分層隔開。如此便能做出分層的酥皮麵團，然後烘焙成薄片酥皮成品。

**酥皮的製作過程比其他食物都更要求精準。**食材的種類、食材的比例、烤模的材質以及揉製的方式稍有不同，就會使得製作出的酥皮成品有很大的差異。因此酥皮食譜的內容通常也非常精準。然而，即使如此：

**沒有食譜能讓你知道，**以你目前所使用的食材、器具與烤箱，每個步驟、細節該如何進行。

如果有可能，就經常練習製作酥皮，如此便能訓鍊你的眼睛和指尖去感知麵團何時該加一點水，或是麵團是否該醒久一點。

## MIXING AND FORMING PASTRY DOUGHS
## 製作酥皮麵團

**製作酥皮麵團有三項基本規則：**

· 食材的分量要精準。

· 讓食材維持在冷涼的狀態。

· 盡量不要揉捏麵團，足以讓食材平均分布即可。

這三項規則都能減少彈性麩質在麵團中形成。麩質會讓酥皮在烘焙的時候收縮，製作出硬實的酥皮。

量取食材的時候，盡可能用重量來度量。如果食譜中使用的是體積，也要確實按照食譜的量。過篩、將食材弄平整，還有其他細微的動作，都可能使得食材的體積發生顯著變化。

將量取好的乾食材篩過，如此比較容易和水均勻混合。

**酥脆酥皮的麵團比較可以容忍錯誤，**因為讓麵團柔軟的脂肪會均勻地在麵粉中發揮作用。脂肪融化時，並不會影響麵團結構，同時又能確保麵團在混合與揉捏時，較不容易發展出麩質。

**片狀和層狀的酥皮麵團在製作時需要注意溫度**，讓固體脂肪能夠桿得開又不會太軟，而且能夠限制麩質在各層麵團中形成。

　　選擇一日最涼的時候，在廚房中最涼之處製作。

　　食材和器皿都需事先冷藏。

　　盡量減少高耗能機器與手的熱能傳到麵團。**攪拌機和食物處理機要反覆地短暫開關，如果脂肪開始變得太軟就要停下，讓麵團冷卻。**

　　維持麵團冷涼。**麵團和奶油混合時，麵團溫度要維持在 15~20℃，如果用豬油則可維持在 15~25℃，起酥油能夠耐受的最高溫度是 30℃。**

　　製作酥皮麵團時，大多是先把脂肪和麵粉混合起來，然後加入冷水。冷水量足以讓麵團聚集起來即可。揉捏時能讓麵粉均勻沾濕就好。

　　隨時調整液體分量。**麵粉成分中許多無法預料的細節以及脂肪的細緻度，都會影響水分的正確比例。**

　　把少量的水均勻灑到麵粉與脂肪的混料中，**盡量不要用手，可以使用噴霧器。要事先量好噴多少次的量等於一茶匙的水，然後把麵團攤開，將水噴到麵團表面。**

　　立即把灑上水的麵團捲起或冷藏，冷藏一個小時以上讓水分分布得更均勻，讓麩質放鬆，使得麵團更容易處理。新鮮的酥皮麵團能夠冷藏數日，冷凍則可以保存數週。冷藏前把麵團壓成扁平狀，這樣冷得快，而且之後桿開也較不費功夫。

　　冷藏過的麵團要先回溫然後才桿開，製作時較不容易碎裂。

　　在冰冷的工作檯面或布面上桿開麵團，要時時轉動麵團以免黏住。如果麵團很硬或是收縮起來，放入冰箱冷藏 5~10 分鐘，讓充滿彈性的麩質放鬆。

　　桿好的麵團在烘焙之前可以稍微冷藏，以免麵團在加熱時收縮或是崩毀。

# BAKING AND COOLING
## 烘焙與冷卻

**酥皮麵團的含水量少**，因此很快就可以烤好，當然也很容易會烤過頭。因此你必須熟悉自己的烤箱，在烘烤時多加留意。

研究自家烤箱的加熱過程。在某個設定好的溫度下，利用非接觸式溫度計測量烤箱底部、頂部和四周內壁的實際溫度。要知道熱從哪個方向來，以及控制溫度的方法，好符合特定酥皮製品的需求。

**烤箱的加熱元件**會在烘焙時啟動，以維持所設定的溫度（元件啟動時，你會聽到唧唧聲或是咔嗒聲）。這些加熱元件溫度很高，如果經常開啟會使酥皮燒焦。

要避免酥皮在正確的溫度下烤過頭，就要盡量使加熱元件處於關閉狀態。

・在烤箱底部放一片烘焙石板，以維持溫度並且遮住加熱元件。或是用錫箔來隔開加熱元件，記得光亮面要朝下。

・烤箱的預熱溫度要比烘焙的溫度高出 15~30℃，這樣打開烤箱放東西的時候，溫度就會下降到烘焙時應有的溫度，之後再重新設定到正確的烘焙溫度。

・盡量不要打開烤箱，打開的時間也越短越好。

酥皮要烘焙得均勻，就得放置在烤箱中央的單層架子上。倘若加熱不均，可在烘焙過程中不時移動烤盤到不同位置。

**不同的烘焙器皿與烤模，加熱酥皮的速度也不同**。如果你換成了其他種類，或是沒有使用食譜中所指定的器皿，就必須調整烘焙的溫度與時間。如果使用對流式烤箱，這些差異就沒有那麼重要。

厚重的金屬烤模會比薄的更能均勻而快速地導熱。光亮的烤模會反射熱，使得加熱速度較慢。沒有拋光的表面吸熱與導熱的速度都較快。黑色表面的烤模導熱最快。

玻璃器皿能夠讓一些熱輻射直接通過，抵達酥皮，因此加熱速度比不透明的陶瓷器皿更快。

要讓酥皮烤透，又要避免邊緣和表面烤過焦，就要在酥皮開始變色時，立即用鋁箔或是酥皮罩子蓋住酥皮。

烤好的酥皮置於架子上放涼，而不要放在不透氣的物體表面。架子能讓空氣持續流動來冷卻酥皮，也能讓剛從烤模中取出的酥皮內部所殘存的水氣散出，否則這些水分會悶在內部，讓酥皮變得不酥脆。

# CRUSTS
# 派皮

派皮是乾而薄的酥皮，目的是盛裝或支撐濕潤的餡料，通常是水果、卡士達、鮮奶油或是肉泥。派皮能夠防水、不被浸濕，而且容易分切與食用。

**最簡單的派皮是甜點用的壓製派皮。**這種派皮是由預烤好的糕點碎片或是磨碎的堅果為基底，再混入一些奶油、糖、玉米糖漿和水，然後壓入烤模，就可以拿去烘焙了。濕潤的食材會把糖溶解成糖漿，進而在烘焙乾燥的過程中，把其他碎片黏結在一起。同時，脂肪則會讓一些碎片不被黏住，讓派皮保持易碎狀態。

壓製派皮要避免太硬，可以加入一些無糖的磨碎堅果或是麵包屑，以及一些玉米糖漿。這些食材可以減弱糖的黏性。

如果壓製派皮在烘焙過程中垮下，下一次要減少脂肪的量，並且用較高的溫度烘焙。

**用酥皮麵團桿成的派皮**，在各類烹飪書中會有不同的名稱和製作方式。不論食譜中的名稱或是描述為何，這類派皮的質地主要取決於麵粉與脂肪的混合方式。

**由麵團製成的派皮主要有兩種：酥脆派皮和片狀派皮。**

**酥脆派皮**之所以酥脆，是因為脂肪與麵粉充分混合之後再加入水揉成麵團。

如果要製作最柔軟鬆脆的派皮，要選擇先將已軟化的脂肪和麵粉混合後再加入液體的食譜。脂肪和糖的分量越多，派皮就越軟。如果麵團不容易桿開，可以直接壓入烤模。

如果要製作緊實而酥脆的派皮，可以用雞蛋來取代水，或是先混合脂肪和液體，最後再加入麵粉。

**片狀派皮**比酥脆派皮緊實，剝開時會變成鬆脆的薄片，這是因為在液體將麵粉沾濕成為麵團之前，脂肪和麵粉已經先形成分層的薄片了。

製作片狀派皮時，把冰冷的脂肪放入麵粉，再用手、攪拌機或是食物處理機把脂肪切成豌豆大小的顆粒，然後加入水，製作成麵團，最後把麵團桿開（只能桿一次）。

要製作千層片狀派皮，要選擇先把冰冷的脂肪塊在麵粉中桿開（摺疊後重複桿開）的食譜，這樣能夠形成許多層次的薄片，然後再加入水，製成麵團。

要製作出柔軟的片狀派皮，盡量不要揉捏派皮，並且不時把麵團放入冰箱，以免讓派皮中發展出會讓質地堅硬的麩質。

**有些規則是全部的桿開酥皮皆適用。**

不論是片狀或是酥脆派皮，要讓它們變得柔軟，就使用酥皮麵粉。不要使用中筋麵粉，中筋麵粉與蛋糕粉以 1：2 混合，或是中筋麵粉與速溶麵粉或玉米澱粉以 1：3 混合，也可以模擬酥皮麵粉的效果。

把酥皮麵團桿成派皮時，可以在桿麵棍兩端套上專用的墊圈，這樣就可以製作出正確厚度的派皮。桿的時候從麵團的中央往外推。如果沒有墊圈，桿麵棍桿到麵團邊緣時就要提起，以免邊緣太薄。

當酥皮麵團放到烤盤或是烤模中時，避免扯動，以免派皮變薄進而收縮。

麵團在烘焙之前，可以連著烤盤一起放入冰箱冷藏，好讓麩質放鬆，以免烘烤時麵團收縮。

# FILLED CRUSTS: PIES AND TARTS
# 有餡料的派皮：派與餡派

　　製作派和餡派的困難之處在於，同時要烹煮兩種非常不同的食材：幾乎不含水分的麵團與濕潤的餡料，而且最後麵團要能夠變得非常乾而脆，內餡則維持濃稠濕潤。

　　如果派皮要能夠不被餡料的水氣弄濕，可以選擇用蛋製作的酥脆派皮。片狀派皮比較容易吸收液體。

　　派皮一定要熟透，因為沒熟的派皮比較容易吸水，方法是先讓派皮自行在烤盤中預烤。派皮底下要襯著烘焙紙，然後放入乾豆子或是瓷珠，壓住派皮先烤一下。當壓住的東西移開之後，用叉子尖輕戳派皮以免起泡。派皮邊緣露出的部分可以用鋁箔包起，以免烤焦。

　　預烤好的派皮可以塗上一層：蛋汁、巧克力、融化的奶油、濃縮的蜜餞或是卡士達奶油餡，以在派皮表面形成防水層；放一層能夠吸收水分的糕餅碎屑也可以。如果是塗的是蛋汁，要再把派皮烤個幾分鐘，等蛋汁乾了之後放涼，再填入餡料然後烘焙。

　　**新鮮水果做成的餡料**通常會釋放出大量水分而不容易變得濃稠，水果切片以後更容易出水。

　　為了控制新鮮水果餡料的濃稠度，烘焙之前就得讓果汁濃縮使果汁變得濃稠。把水果切好放到濾碗中，撒上糖，讓果汁流到濾碗下面的碗中，然後把果汁煮到濃稠，再和水果與增稠食材混合在一起，填入派皮之中。

　　如果要讓餡料澄澈透明，果汁的增稠劑要用木薯粉，不要用麵粉或玉米澱粉。

　　烘焙水果派或餡派時，要放置在靠近烤箱底部之處，或是直接放在烤箱底部的烘焙石板上，以確保派皮底部能夠迅速加熱。

**鮮奶油或是卡士達派的餡料**在烤過之後可能無法變得濃稠，或是在變得濃稠之後又變成液體了。

鮮奶油或是卡士達派的餡料如果是加入雞蛋、麵粉（或澱粉）增稠，要確定讓混料的溫度在烘焙前或烘焙時上升到 80~85℃。沒有煮熟的蛋黃含有澱粉分解酵素，會使餡料滲水。

**鹹派（quiche）的內餡**很容易就煮過頭而乾掉。

烘焙鹹派的過程中要經常檢查。如果用牙籤或是刀尖插入派正中央而不會沾黏餡料，就表示烘焙完成，要立即移出烤箱。

讓鹹派放涼，待餡料中的卡士達凝結再分切，以免內餡崩塌。

**檸檬蛋白霜派**的蛋白霜表面或底部通常會滲出水來，導致蛋白霜與餡料分離。

如果要穩定蛋白霜，就要趁熱撒上含有玉米澱粉的粉糖，或是用爐火預煮蛋白霜餡料，再放到派皮上。之後把派放到烤箱中烤到餡料邊緣焦黃色就可以了。

要製作穩定的檸檬內餡，可以先把玉米澱粉、糖、蛋的混料加熱到 80~85℃，離火之後再加入檸檬汁。

PUFF PASTRY FOR TARTS AND NAPOLEONS,
CROISSANTS, AND DANISH PASTRIES

# 餡派、拿破崙蛋糕、可頌和丹麥酥的起酥皮

起酥皮是最終極的片狀酥皮。派的酥皮雖然也分層，但都還算結實。起酥皮含有大量奶油，是輕盈、鬆脆、如紙片般輕薄的酥皮層。

製作起酥皮需要非常小心，而且花費數小時。你得將許多奶油裹入

麵團,然後反覆冷藏、桿開、折疊再折疊,然後再桿開,直到奶油和麵團交互重疊數百層為止。這樣的酥皮在烘烤時,麵團和奶油中的水分會蒸發,而讓含油的麵團膨脹、分層。

**製作起酥皮的重點**在於調整奶油溫度與麵團彈性,讓這兩種食材能均勻而細緻地一同桿開。麵團要在桿開動作之間反覆冷藏,好讓奶油冷卻,同時讓麵團中的麩質放鬆。

**製作起酥皮的方法有很多**。酥皮食譜經常長達五頁以上,而且內容精確得嚇人,許多基本要點卻又不同,有些甚至需要用到事先已經煮過的速溶麵粉。

找尋清楚好用的食譜,然後從網路上的影片學習製作技巧。

要特別注意奶油的品質與質地。要用好的奶油,然後把表面變色變質的部分削去,並讓奶油保存 15℃ 左右。奶油如果太冷會撕裂麵團;如果溫度稍高,會融化而溶入麵團,就無法形成層次了。

如果要在兩個小時內製作較不正式的起酥皮麵團,可以把奶油放在麵粉中切成小塊,加入冷水,然後揉製成硬的麵團;之後再桿開、折疊、轉 90 度後再重複同樣動作,接著把麵團靜置於冰箱中。重複這個步驟一到兩次即可。

切起酥皮麵團的時候,要用非常鋒利的刀子,切的時候要直接壓下,不要來回鋸開。要讓麵團發到最好,麵團邊緣得盡量不要有壓縮或拉長。

麵團桿好且分切之後,需讓麵團冷藏、放鬆,以免在烤箱中烘焙時收縮。

一開始要用很高的溫度烘焙,這樣麵團可以製造最多的蒸氣,好讓自己膨脹起來。

如果是冷凍麵團,可以放到冷藏室先行解凍,等麵團恢復到低的室溫後再分切。

**可頌和丹麥酥**是由含有酵母菌的起酥皮麵團所製成。這些麵團製作好之後,需要發過之後再烤。

丹麥酥的麵團是麵粉混合了糖和蛋製成。可頌麵團則含有牛奶,並

且可以在加入奶油、折疊並桿開之前，讓麵團先發過。

**可頌和丹麥酥的麵團需要特別小心處理**，這兩種的麵團都很軟，比一般的起酥皮麵團更為脆弱。

# PHYLLO AND STRUDEL
# 薄酥皮與奧式餡餅卷

　　薄酥皮與奧式餡餅卷是極為細緻的酥皮，兩者都是由單層麵皮伸展成頭髮般厚度所製成。用很薄的麵皮裹住或捲住水果、蔬菜或肉餡，或是堆疊起來，然後烘烤得金黃酥脆。

　　製作薄酥皮與奧式餡餅卷都需要高度技巧，得將麵團桿成直徑約一公尺、厚度如薄紗的酥皮。不但不能破裂，而且動作要快，以免酥皮乾燥破裂。

　　上網找尋適合的教學影片，以習得製作技巧。

　　使用蛋白質含量高的麵粉，讓麩質強韌，並且加入油脂，以減弱麵團的彈性。

　　如果要製作出和奧式餡餅卷相仿的效果，可以用市售的薄酥皮片堆疊製成。

　　在使用市售的冷凍薄酥皮片之前，先放到冷藏室解凍。薄酥皮要覆蓋或是刷上一層油或是奶油，以免酥皮片乾裂。

# CHOUX PASTRIES: CREAM PUFFS AND GOUGÈRES
# 泡芙：鮮奶油泡芙和乳酪泡芙

泡芙與其他的酥皮糕點都不一樣，泡芙具有薄而脆的外皮，卻是由實心的球狀濕潤麵團所製成。烤箱或是油炸的高溫會讓麵球的外部定型，並讓內部的水分氣化，進而使麵團膨脹為酥脆的中空球殼。泡芙的殼可以直接拿來吃，也可以填入發泡鮮奶油、卡士達奶油餡或是冰淇淋。泡芙麵團是已經煮熟的麵團。

泡芙麵團的製作方式：

‧把水或牛奶放到鍋子中，與奶油、脂肪或油一起煮滾。

‧鍋子離火，加入麵粉打成濃稠的麵糊。

‧加熱並攪打麵糊數分鐘，好讓麵糊熟透，並且讓部分水分蒸發。

‧鍋子離火，將雞蛋一個個打入鍋裡，攪拌均勻。如果你用食物處理機來進行攪拌動作，先在碗中把蛋打好，然後再慢慢倒入麵團。

若要做出輕盈鬆脆的泡芙殼，那麼就以水取代牛奶或是鮮奶油，用高筋麵粉取代中筋麵粉，並讓蛋白的分量高過蛋黃，同時加入足夠的液體讓麵團夠稀（但濃度需維持在用湯匙舀起或是擠花器擠出時，仍足以維持形狀）。牛奶的脂肪與蛋黃會讓泡芙變得更為濃郁且柔軟。

特別輕盈的乳酪口味泡芙稱為乳酪泡芙，就把常用的法式葛瑞爾乳酪（Gruyère），改用質地較乾而且能刮擦下來的乳酪，例如帕瑪乳酪（Parmesan）。

立即使用麵團，在冰箱中頂多冷藏一天。

用湯匙做出或是擠花器擠出的麵團在放入烤盤時，彼此要留有空隙，好讓麵團在烘焙時能有膨脹空間。麵團很黏，因此最好使用有不沾塗層的烤盤，或是烤盤表面要上油，好讓麵團容易拿起。

若要做出較為鬆脆的泡芙殼，麵團就得製成較小的球，這樣皮就會

薄些。大的泡芙殼比較重，最後會變軟然後凹陷。

　　在 200~230℃的高溫烘焙，這樣才能產生推力足夠的蒸氣好讓泡芙成形。烤的時候要觀察泡芙，當泡芙開始變色，把烤箱的火力轉小，讓泡芙烤乾。一旦泡芙完全變色，就要關掉烤箱，並用刀子在泡芙底部的殼劃出一個切口，好讓蒸氣散出，然後靜待泡芙在逐漸降溫的烤箱中變得鬆脆。

　　製作好的泡芙殼可以密封起來冷凍，使用時可直接取出，放入中溫烤箱讓泡芙殼重新恢復酥脆。

　　如果要用烤箱做出油炸泡芙的效果，以上述方法做出泡芙麵團之後，刷上油再烤。

Cakes indulge our primal love of the sweet and rich

# CHAPTER 19

## CAKES, MUFFINS, AND COOKIES

## 蛋糕、馬芬和
## 小甜餅

酥皮的難度在於食材得用得節
制，蛋糕的挑戰則是如何揮霍。

蛋糕引發我們對於甜美豐潤食物的原始之愛，也是最適合慶祝場合的食物。蛋糕如同麵包與酥皮點心，由穀物粉、水和空氣組成，在這樣的基本結構上還加入了糖、脂肪和蛋，形成了質地柔軟的團塊，然後在我們口中化成甜美豐潤的滋味。我們又用更甜更豐潤的亮液和糖衣來裝飾蛋糕，使得甜味的樂趣更上層樓。

酥皮點心的難度在於食材得用得節制，其中水分只夠讓麵粉和脂肪黏在一起。蛋糕的挑戰則是揮霍，把糖和脂肪塞到麵粉能負荷的極限。食品製造商還面對更麻煩的事情，就是研發出特別的麵粉、起酥油以及適當的混合方式，製造出更甜、更豐潤，但是依然可靠的蛋糕。這些食材能夠達成基本的要求，但是無法製作最美味的蛋糕。早年吃蛋糕時，我不會去注意食材內容。但是我曾經用手指沾一點起酥油來嘗嘗，結果口感如臘、味道沉悶，至今印象深刻。本來我對於蛋糕並不特別注意，直到我20多歲，吃到我家附近烘焙店用奶油製作的蛋糕與糖衣，從此之後我才知道什麼是蛋糕。

不論你使用傳統或「改良式」的食材，都需要使用好的電動攪拌機，幾分鐘就可以把蛋糕糊打好；要是在十九世紀，這得花上一兩個小時。那時候的建議就是找個男僕來完成這項工作。

你還必須特別注意蛋糕烤盤。大小適當的烤盤很重要，所以在你打蛋糕糊之前，要確定食譜需要的烤盤，以及自己擁有的烤盤。

小甜餅（cookie）是小型甜味烘焙食品的總稱，從小型酥皮到小蛋糕都包括在內。由於小甜餅很小而且很快就能烤熟，因此自有一套烘焙方式。

# CAKE AND COOKIE SAFETY
# 蛋糕與小甜餅的安全

**蛋糕和小甜餅對健康不會造成什麼危害**，除了熱量太高之外。蛋糕和小甜餅通常都熟透了，而且又乾又甜，不適合微生物生長。

含有雞蛋的糖衣如果沒有煮過或是只有稍微煮過，會有受到沙門氏菌污染的些微風險。

製作安全的糖衣，可用高溫殺菌的雞蛋，這種雞蛋在70℃下消毒過。剩下的糖衣要放冰箱。

# SHOPPING FOR CAKE AND COOKIE INGREDIENTS AND STORING CAKES
# 挑選蛋糕與小甜餅食材，以及保存蛋糕

烘焙食材大多很普通，無需特別挑選，除非食譜特別指定。麵粉、脂肪、酵母、雞蛋大小種類都有差異，因此食材通常無法代換。

吃剩的蛋糕要蓋起來，在陰涼的室溫下可以保存一兩天，冷藏可以保存數日，冷凍則可以保存數月。

蛋糕切面用保鮮膜或是鋁箔緊緊貼覆，以免乾掉。

如果要冷凍，先把蛋糕冷凍到糖霜結實，然後用保鮮膜包緊，放入厚塑膠袋或是鋁箔中，以隔絕異味。

要解凍有糖霜的蛋糕，先打開包裝，放到冷藏室中，最好用大碗倒扣或是鐘形蛋糕罩蓋住，以免冰箱水氣在冷凍的糖霜表面凝結。解凍之後再放到室溫下。

要解凍沒有糖霜的蛋糕，直接打開包裝放在廚房流理檯上即可。

# SPECIAL TOOLS FOR MAKING CAKES AND COOKIES
# 製作蛋糕和小甜餅的特殊器具

一些特殊的用具和設備，能讓製作蛋糕與小甜餅的過程更輕鬆。

**秤**在製作蛋糕時格外重要，正確的麵粉量對於好蛋糕的製作是絕對必要的。

**麵粉篩或細篩網**可讓乾麵粉、可可和膨發劑更疏鬆，也比較容易和脂肪、濕的食材均勻混合。過篩的動作不適合用來混合乾的食材，用手或是電動攪拌器比較好。

**桌上型行星式攪拌器**會沿著碗的邊緣攪拌，最適合用來打蛋糕糊和糖衣，通常需要 5~15 分鐘。

**手持式電動攪拌機**則要廚師自行沿著碗的邊緣移動。不適合用來打堅硬的糖衣。

**攪拌碗**最好用薄的金屬製成，如此蛋糕糊需要冷卻或加熱時，速度會比較快。你得買好幾個 2~4 公升容量的碗，因為許多食譜會指示，不同類型的食材需分開攪拌。

**蛋糕烤模**的類型會決定蛋糕糊受熱以及膨脹和定型的方式。烤模有不同的表面質地、形狀與大小，這些特質都會影響加熱過程，因此需要調整烘焙時間與溫度來因應。最重要的事情是，蛋糕糊只能盛裝到烤模高度的2/3~3/4。烤模太高會阻礙蛋糕底部的受熱，烤模太低會讓蛋糕糊膨脹時溢出。使用新的食譜之前，先確定你有大小適中的烤模，或是能盛裝相近水容量的烤盤。

烤箱內的烤盤和一般烤盤，是用來烤方形蛋糕或是小甜餅。厚重的金屬製品最好，這樣在加熱或冷卻時才不會變形。

**烘焙紙**可以墊在烤模底部，方便蛋糕脫模。

**不沾油噴劑**的成分中有油和卵磷脂。有時在烤模內部撒一些麵粉，也有助於烤好的蛋糕順利脫模。抹上奶油或是起酥油也有相同效果。

**烤盤專用的矽膠墊片**可提供不沾表面，讓烤好的小甜餅容易脫模。

**蛋糕烤模邊帶**會在烤模內緣圍一圈，讓邊緣的蛋糕糊受熱較慢，所以也凝固得較慢，如此蛋糕在烤箱中會膨脹得比較高而且均勻。

**蛋糕測試棒**是一根比牙籤還要細長的金屬棒，能戳入蛋糕中心測試熟度，並會留下一個小洞。不過由於測試棒太細，有時未熟的蛋糕糊未必能沾上，因此許多廚師會用小刀來代替。

**金屬架**能讓烤模騰空，使空氣在烤模周圍與底部流動，讓溫度下降得更均勻。

**轉盤**可以讓蛋糕在塗上糖衣或亮液時，抹得更均勻。

**擠花袋和擠花頭**對於擠出裝飾用糖衣時非常有用。

**鐘形蛋糕罩**能保護蛋糕不被碰到，表面的裝飾不會花掉。

# CAKE AND COOKIE INGREDIENTS: FLOURS
# 蛋糕和小甜餅的食材：麵粉

麵粉含有澱粉與蛋白質，賦予蛋糕與小甜餅固體結構。

**中筋麵粉**是製作蛋糕時常使用的麵粉，具有多種用途，通常也是食譜會指定使用的麵粉。中筋麵粉含有許多麥麩蛋白，雖非最理想的麵粉類型，但是蛋糕與小甜餅含有大量糖和脂肪，適足以讓結構軟化。有些

食譜要求將中筋麵粉與馬鈴薯澱粉或其他澱粉混合，讓成品更柔軟。

**低筋麵粉**中的蛋白質含量低，粉末細緻且用氯處理過，能比一般麵粉吸收更多的糖和脂肪，適合用來製作「重油／重糖」蛋糕。市售的蛋糕粉都含有低筋麵粉，也是許多蛋糕食譜指定使用的麵粉。有些烘焙師傅認為低筋麵粉有刺激的味道，而且質地太細緻，因此不用。

**自發低筋麵粉**含有化學膨發劑。

確認食譜與麵粉標籤，確定使用的是正確的麵粉。中筋麵粉和低筋麵粉無法經由調整比例來彼此代換。

# CAKE AND COOKIE INGREDIENTS: FATS AND OILS
# 蛋糕和小甜餅的食材：脂肪和油

脂肪和油可以破壞與削弱蛋白質－澱粉的結構，使得蛋糕和小甜餅比較濕潤柔軟。

蛋糕和小甜餅是以糖油拌合法膨發起來的，以固態脂肪來捕捉小氣泡並逐漸累積。小氣泡在烘焙時會膨脹，使得蛋糕膨起而柔軟。

**脂肪表面會產生酸敗的味道**，因為脂肪暴露在空氣中。此外，包裝紙也無法把奶油和起酥油跟空氣完全隔開。

奶油或起酥油的表面如果顏色變深或是變得透明，就要把這些部分刮除。

**油會走味**。打開放置數個月後，油就會開始走味、酸敗，舊的油使用之前先嘗嘗看。

**奶油**是蛋糕使用的傳統脂肪，而目前最精緻的蛋糕也是用奶油製成的。奶油的風味和乳脂含量都不同，這個差異對酥皮來說很重要，但對

蛋糕而言沒那麼重要。

糖油拌合時，奶油對溫度的敏感程度比起酥油高，通常做出的蛋糕也較不蓬鬆，但是風味較佳。

**起酥油**由蔬菜油改造而成，性質更適合製作蛋糕，與糖拌合的適合溫度範圍遠超出於奶油。起酥油中含有乳化劑與細微的氣泡，都有助於蛋糕膨發。

起酥油製作的蛋糕發得比較高，而且形狀穩定，配合低筋麵粉使用，可以製作重油／重糖蛋糕，其中糖和脂肪對麵粉的比例比傳統蛋糕還高。這些食材可以在同一個碗中混合。

起酥油的缺點是含有人造風味。

同時品嘗起酥油和奶油，看看兩者的味道，並且思考兩者的製造過程，以及風味、蓬鬆度、製作難易程度對你的重要性，然後再選擇脂肪與食譜。

**人造奶油**不能用來烘焙蛋糕。這種奶油是模擬奶油特質，用來塗抹在食物上，無法讓蛋糕蓬鬆。

# CAKE AND COOKIE INGREDIENTS: SUGARS
# 蛋糕與小甜餅的食材：糖

糖能夠提供甜味，同時讓蛋糕和一些小甜餅的澱粉－蛋白質結構軟化，也有助於保留水分。糖能使低水分的小甜餅變得脆。糖有數種，有時彼此不能互用。

**白砂糖（食糖）**由較粗的晶體所組成，糖油拌合時很適合用來產生空氣泡，在液體食材加入之後溶解的速度慢。在含水量低的小甜餅中，

這種糖可能不會完全溶解,而為小甜餅帶來爽脆的口感。

**超細白糖(烘焙用糖)**由細緻的晶體組成,有些烘焙師傅喜歡在糖油拌合時使用這種糖。超細白糖比食糖溶得快。食糖以食物處理機磨碎之後,就能變成細砂糖。

**粉糖**顆粒之細,舌頭甚至無法分辨出其中的顆粒,也因此無法用於糖油拌合。粉糖適用於快速製造糖衣或其他滑順外衣。粉糖含有少量玉米澱粉。

**黃砂糖、蜂蜜與糖蜜**都具有獨特風味,吸收水分的能力也好過白砂糖。這些食材都略帶酸性,會和小蘇打或是其他鹼性食材起反應,以產生讓麵團發起來的氣泡。

**玉米糖漿**的風味溫和,在水中會形成葡萄糖和長鏈葡萄糖。玉米糖漿褐變的速度很快,能夠保持水分,但是會減緩小甜餅變硬的速度。

**零熱量的甜味劑**無法取代糖在蛋糕中所扮演的多重角色。

# CAKE AND COOKIE INGREDIENTS: EGGS AND LEAVENERS
# 蛋糕與小甜餅的食材:蛋與膨發劑

**蛋**對於蛋糕與小甜餅的多重特性有幾項貢獻:提供水分、捕捉空氣、提供有助於形成結構的蛋白質,以及提供能軟化質地兼具乳化功能的蛋黃脂肪。只用蛋白會使得口感較乾而鬆,加了蛋黃的口感則會濕潤密緻。

不同大小的蛋,蛋黃與蛋白的含量與比例也不同。

確認食譜指定使用的雞蛋大小。如果你沒有食譜所指定的蛋,就得調整蛋的用量。

**化學膨發劑**（發粉、小蘇打）都含有濃縮的鹼和酸，溶解時都會產生二氧化碳氣體，有助於簡易蛋糕和重油蛋糕膨發。

**發粉和小蘇打兩者不可以互換。**

**小蘇打**是一種鹼性鹽，一旦接觸到溶解的酸便會產生二氧化碳氣體。而這些酸可能來自於某種主要食材，例如白脫牛奶或是蜂蜜，或是加入的塔塔粉。

**發粉**本身就含有小蘇打和酸，其比例能讓二氧化碳的產量達到最高。一次反應發粉含有塔塔粉或磷酸，在麵團混合的時候，就會即刻發揮作用。

**雙重反應發粉是最有效的化學膨發劑**，含有特殊的酸，只有在加熱的過程中才會產生氣體，此時蛋糕和小甜餅捕捉氣體的能力也較強，發的效果好。其中常用的發粉是鈉鋁硫酸鹽（SAS），雖然有許多人懷疑這對健康有礙，但是目前沒有證據支持這個說法。

膨發劑要密封保存，小蘇打會吸收味道，發粉則會慢慢地反應而失去效用。

測試發粉的方式：舀一匙放到碗中，將熱水倒入，發粉應該會激烈產生氣泡。如果沒有這般反應，這批發粉便無法使用。

製作應急用的一次反應發粉：將一茶匙小蘇打（15 克）、兩茶匙塔塔粉（18 克）和一茶匙的玉米澱粉（11 公克）混合在一起。

**鹿角精**也是化學膨發劑，但只能用來製造薄而乾的小甜餅，用在其他烘焙食物會殘留令人不快的氨。

注意不要加太多膨發劑到蛋糕和小甜餅中。太多膨發劑會使得麵糊膨脹得太快然後塌陷。一般的實用法則是1茶匙發粉（6 公克）或是1/4茶匙小蘇打（1 公克），搭配 120 公克的麵粉。如果食譜指定的分量超過太多，就要加以調整。

# CAKE AND COOKIE INGREDIENTS: CHOCOLATE AND COCOA
## 蛋糕和小甜餅的食材：巧克力與可可

　　巧克力與可可不但構成了巧克力蛋糕與小甜餅的結構，也賦予風味。這些食材含有來自可可豆的固態顆粒，作用類似澱粉，而且會吸收水分。

　　市售的巧克力和可可是固態的，其中含有不同比例的可可固形物、可可脂和其他添加食材。

　　**巧克力**一定含有可可粉和可可脂，有的會加糖和乳固形物。有時巧克力會標示含有的可可固形物和可可脂的比例。烘焙用巧克力的可可固形物和可可脂成分達 100 %，黑巧克力的含量則在 50~80 %，牛奶巧克力的含量則低於一半。白巧克力不含有可可粉，只有可可脂、糖和乳固形物。

　　盡量使用食譜指定的巧克力。如果你要用烘焙巧克力取代黑巧克力，那麼巧克力要少加一些，多用點糖。如果反過來，就要多加巧克力而少加些糖。

　　**可可**的主要成分來自於可可豆的固體顆粒，具有強烈的風味，有時候甚至帶有刺激的味道。可可有分甜的和不甜的，並製造成兩種不同的形式。

　　「天然」可可粉，通常製作成美國式的，有酸味。

　　「荷式」可可粉，通常製作成歐洲式的，經過化學處理，呈鹼性，帶有溫和風味。

　　你要確定食譜中指定的是哪一種可可。如果你以荷式可可粉取代天然可可粉，蛋糕可能會發不起來，也可能會因為鹼太多而有肥皂味。

　　**不含麵粉的巧克力蛋糕**是以巧克力（和可可）取代麵粉，通常還會加入堅果粉（粗細皆有），靠雞蛋來讓蛋糕凝結。不含麵粉的巧克力蛋

糕要用天然可可粉才會凝固得漂亮。如果使用荷式可可粉，雞蛋不易凝結。此時可用酸性的塔塔粉來平衡鹼性，並且減少發粉用量。

**製作烘焙點心時，巧克力和可可是可以彼此代換的**，但代換時要留意調整其他食材的比例。巧克力含有脂肪、糖，可可粉亦然，所以在替換的時候，要調整脂肪和糖的量。

# THE ESSENTIALS OF CAKE MAKING
# 蛋糕製作要點

**製作蛋糕有三項重要步驟：量取食材、混合食材，以及烘焙。**

一開始要量取所有的食材，以重量為單位，盡量使用可靠的電子秤。如果以體積為單位，就要確實遵照食譜指示。

依照正確的次序將食材徹底混合，讓食材透氣蓬鬆。

用正確大小的烤盤或烤模，並且用已經確認過溫度的烤箱來烘焙，如此麵糊膨脹到最高時，熱度才會剛好足以凝固麵糊。

**蛋糕由兩組不同的主要食材構成。**第一組是麵粉和雞蛋，兩者味道溫和，用來形成蛋糕的結構。另一組是糖和脂肪，不但能為蛋糕增添甜味和豐厚口感，也能破壞結構，讓蛋糕濕潤柔軟。第五種食材是氣泡，散布在上述四種食材之間，使得蛋糕蓬鬆美味。

**在好的食譜中，食材的比例與類型會彼此搭配、維持平衡。**

麵粉和雞蛋太多會使得蛋糕乾而無味，糖或脂肪太多則會讓蛋糕結實而潮濕。低筋麵粉容納的糖和脂肪比中筋麵粉多，起酥油比奶油不易破壞麵糊結構。

不要用其他食材來取代食譜中指定的食材。除非食材已經經過試驗和比例調整。

**攪拌**的過程可以讓麵糊中的食材分布均勻、捕捉空氣，使麵糊膨發、蛋糕的質地更蓬鬆。混合的過程分成好幾個步驟，每個步驟完成後，記得要把沾附在攪拌器、打蛋器和碗上的食材刮下，加入混料中於下一個步驟攪拌，這樣混合得才充分。

‧麵粉和化學膨脹劑與可可粉要混合均勻，以免有些地方膨發劑過度集中而直接膨脹。

‧乾的食材要篩過，顆粒才會分散蓬鬆，如此便可更快、更均勻地和濕的食材混合。

‧使用麵粉篩或細篩網。

‧利用電動攪拌機把氣泡打入軟化的脂肪、蛋汁或是混合好的食材之中。

‧把含有空氣的脂肪或雞蛋和其他食材混合在一起。

**糖油拌合法和切拌法**是特殊的混合技巧，通常用於製作蛋糕以及小甜餅。

**糖油拌合法**是持續攪打軟化半固體的奶油或起酥油，同時加入糖晶體，使脂肪中的微小氣泡逐漸增加。糖油拌合法需要 10 分鐘以上的時間，且得注意控制奶油的溫度。

**切拌法**是以手工混合兩種麵糊食材，其中一種鬆軟而另一種密實，以盡量不讓氣泡消失。使用抹刀把輕的食材挖起，然後垂直壓入第二種食材，第二種食材再從下往上翻起、蓋過，如此不斷重複。

切拌法是混合發泡蛋白和其他蛋糕食材的標準手法，有些廚師覺得用籠形打蛋器快速攪拌也一樣有效。

**蛋糕有兩種基本類型**，由空氣拌入麵糊的不同方式來區分。

**奶油蛋糕**包括基本的蛋白蛋糕、黃色蛋糕、磅蛋糕和巧克力蛋糕。製作方式是把空氣打入奶油或起酥油，甚至是整個麵糊之中。

**蛋沫類蛋糕**（foam cake）包括天使蛋糕、戚風蛋糕和海綿蛋糕，這些蛋糕是把空氣打入蛋白或全蛋中製成蛋沫，然後再將蛋沫打入其他食材。

# MIXING BUTTER-CAKE BATTERS
## 製作奶油蛋糕麵糊

標準的奶油蛋糕麵糊有多種攪拌方式，以下是最常用的三種：

**糖油拌合法是傳統的方式**，雖然費時，卻是製作出蓬鬆、輕盈蛋糕的最佳方式。作法是將半固體的奶油或起酥油（或是兩種的混合）混入白砂糖或超細白糖一起攪打，以捕捉能夠讓蛋糕膨發的空氣泡。

‧如果你的廚房溫度超過 18℃，要準備大的容器，裝入冷水或是冰水，這樣在拌合奶油時才可以快速冷卻奶油。

‧冷的油脂和糖大約需要攪打 5~10 分鐘，直到混料變得蓬鬆輕盈。若使用桌上型攪拌器，速度調到中速；若使用手持式電動打蛋器，由於效率較低，要用高速攪拌。

‧不要讓奶油的溫度升到 20℃ 以上，起酥油的溫度不可高過 30℃。攪拌時的摩擦會產生熱，脂肪若是融化，所包覆的空氣泡就會消失。如果碗的底部溫度升高，就停止打發並且讓碗冷卻。

‧開慢速，分批將其他食材混入打好的脂肪，以免打出氣泡粗大的蛋沫或是讓麵粉中的麩質變得強韌。蛋一次加入一個，均勻拌入麵糊，然後加入部分麵粉，接著加入部分液體食材，之後加入所有麵粉，最後加入剩下的液體食材。

**兩階段混合法比糖油拌合法容易且快速**，可以製作出更柔軟緻密的蛋糕。

‧把所有乾食材徹底混合均勻。

‧在另一個碗中把所有濕食材混合均勻。

‧把軟化的奶油或起酥油放到乾食材中，用中等速度稍微攪拌。

‧將濕的食材分批加入，直到混合均勻為止。

**單階段混合法最簡單**，但做出的蛋糕不如其他方法鬆軟，最好使用

低筋麵粉和起酥油來當食材。超級市場的蛋糕大多是用這種方法。

　　・先把膨發劑之外的乾食材全部混合起來。

　　・把起酥油和濕食材加入。先以低速攪拌數分鐘，然後改用中速，最後一分鐘才加入發粉。

　　・另一個方式是先把乾食材、脂肪和大部分的奶油混合在一起，接著加入剩下的牛奶和雞蛋，然後用低速攪拌，最後用中速攪拌數分鐘。

# MIXING EGG-FOAM BATTERS
# 製作蛋沫類蛋糕麵糊

　　製作海綿蛋糕、戚風蛋糕和天使蛋糕時，是把空氣攪拌到雞蛋而非脂肪中，讓蛋糕發起。用雞蛋膨發的蛋糕質地通常比奶油蛋糕軟，風味則不如奶油蛋糕濃郁。蛋白和蛋黃可以分開攪打，也可以一起攪打。天使蛋糕只用到蛋白。

**蛋黃蛋白分開來打，做出的麵糊比較蓬鬆。**

　　・打蛋白時一定要加入塔塔粉或是檸檬汁。酸可以讓雞蛋泡沫穩定，同時讓天使蛋糕內部維持白淨。

　　・打蛋黃時要加入一點糖，打到蛋黃因為含有空氣泡而變得輕盈。

　　・蛋白打入另一個碗中，加入塔塔粉打到蛋白泡沫的尖端垂軟，然後加入剩下的糖，打到蛋白泡沫的尖端挺立為止。

　　・麵粉篩過放到蛋黃中，加入剩下三分之一的蛋白，攪拌後以切拌法拌入打發好的蛋白中。奶油可以直接融化，最後再拌入麵糊。

**全蛋一起攪拌的方式比較簡單。**

　　・全蛋加砂糖一起攪打，一開始用低速，然後調至中速，直到混料

變成奶油色且空氣泡讓混料變稠為止。之後再加入其他液體食材攪打。

・把麵粉篩入混料上方，切拌混勻。

・奶油要分開來打，直到柔軟呈乳脂狀，然後加入少許麵糊變得更柔軟，之後才能慢慢拌入麵糊。

**法式海綿蛋糕的麵糊**會製作出乾而結實的蛋糕，需要由果醬來增加濕潤感。

・把全蛋和糖在40℃下攪拌。

・從高速、中速到低速打發約10~15分鐘，直到蛋汁變得濃稠且體積膨脹三倍。取出部分打好的蛋汁，接著和融化的奶油拌勻。

・將麵粉切拌到打好的蛋汁中，然後加入奶油混合均勻。

# PREPARING AND FILLING THE PAN
# 麵糊倒入烤盤

**烤盤的材質和形狀，對於烤箱將麵糊轉變成蛋糕的過程，會有重大影響。**

挑選表面不光亮的烤盤或烤模，導熱更均勻。光亮的烤盤會反射輻射熱，減緩加熱過程。黑色的烤模在蛋糕中心熟透時，會讓蛋糕周圍烤成褐色。中空的烤模能增加麵糊表面積，加速烤熟的過程。脫底烤模的邊和底是可以分離的。矽膠烤模讓烤好的蛋糕容易脫模。

麵糊不要倒太滿，以免烘烤時溢出；也不要倒太少，否則上層會烤不熟。麵糊高度應該在烤模高度的2/3~3/4之間。烤模可以先盛水，然後把水倒出，量量看體積有多少。

若要烤模不沾黏，烤模表面先抹上一層厚厚的融化奶油，或是噴上

不沾油塗層，這樣大部分的蛋糕就不會黏在烤模上了。波浪邊的蛋糕模上油要特別徹底。上過油的烤模底部可以再襯上抹了油的烘焙紙。

在塗上油的烤模底部撒上一些麵粉，**麵糊比較容易均勻地分布在烤模之中**。

戚風蛋糕和天使蛋糕的烤模不需要抹油，這兩種蛋糕比較容易破，需直接靜置於烤模中冷卻。

倒入麵糊後，將烤模直接輕敲桌面，或是用鋒利的刀插入麵糊劃幾刀，好讓麵糊穩穩地填滿烤模。

# BAKING AND COOLING
# 烘焙與冷卻

烤箱的熱會使蛋糕麵糊中的氣泡擴張，進而讓麵糊膨脹。熱也會使麵糊中的蛋白質和澱粉凝固。

烤得適中的蛋糕，**麵糊會膨脹到極限，而且會非常鬆軟**。

烘焙蛋糕最好使用電烤箱。瓦斯烤箱無法保留有助於蛋糕膨脹的水蒸氣。

**烤箱的溫度以及烤模在烤箱中的位置**，會影響麵糊受熱的速度，以及蛋糕成品的口感。

**低溫烘焙**，加熱的時間較長，蛋糕膨脹得較高，孔洞比較大。

**高溫烘焙**，加熱的時間較短，蛋糕較為密實，但質地比較細緻。

烘焙蛋糕大多使用中溫，160~190℃。低於這個溫度，蛋糕凝固的速度太慢；高於這個溫度，一待內部熟透，表面就已經烤焦。

若要加熱均勻，把烤模放到烤箱中間的架子。

為了避免蛋糕上層太快烤焦，可以在最上層的架子上放一片鋁箔，

或是置於烤模上方，以遮擋一些輻射熱。

若要讓麵糊底部快速加熱而膨脹，可把烘焙石板放在烤箱底部預熱，再把烤模置於烘焙石板上；或是把烤模放在最低層的烤架。

蛋糕尚未烤熟之前，不要打開烤箱，以保留蒸氣，加速蛋糕的受熱與膨脹。

及早檢查蛋糕的熟度，要在蛋糕邊緣開始收縮之前便開始檢查。

檢查熟度可以用蛋糕測試棒、串肉針或刀子刺入蛋糕。

熟度適中的蛋糕大多不會有東西殘留在刀面上。除非是刻意要保持半熟、留下液體，或要做出布丁般的質地。

**剛烤好的蛋糕柔軟脆弱**，冷了之後才比較結實。

脆弱的的戚風蛋糕和天使蛋糕要留在烤模中冷卻到室溫。

中空烤模要倒扣在酒瓶上，讓蛋糕在變結實的同時，以重力把蛋糕完全拉開。

蛋糕只要邊緣稍微冷卻結實之後，即可取出。

把烤模放在架子上幾分鐘，用刀子沿著蛋糕邊緣移動，讓蛋糕邊緣和烤模分離，然後將烤盤倒扣在盤子上，讓蛋糕落下。之後蛋糕要放在架子上冷卻。

蛋糕要完全冷卻之後才能進行裝飾，以免蛋糕破裂，或是把糖衣、亮液融化了。


# TROUBLESHOOTING CAKES
# 蛋糕的疑難排解

如果使用新的食譜，做出來的結果不佳，可能是食譜中有些地方出了問題。

如果遵照的是熟悉或是可靠的食譜，結果也不好，就可能是食材或步驟出了問題。

徹底思考哪裡出了錯，下次調整食材或步驟。

許多蛋糕沒有做好是因為蛋糕麵糊在凝固前膨脹得不夠或是過頭。

確定攪拌麵糊的時間夠長，足以打滿空氣。

確定膨發劑的分量與品質。膨發劑太多會製作出粗糙、塌陷的蛋糕，膨發劑太少會讓蛋糕質地過於密實、表面凹凸不平。一般標準的用量是 1/4 茶匙小蘇打（1 公克）或是 1 茶匙發粉（5 公克）搭配 120 公克麵粉。舊的發粉不要用，換上新的。

**蛋糕若含有粗糙的顆粒或是塌陷**，這是攪拌不足或烤箱溫度太低所導致，使得蛋糕的中心部分沒有膨脹，或是塌陷的時候蛋糕才凝結。下次可能要提高烘焙溫度，或是加長攪拌時間。

**蛋糕破裂或是中央突然隆起**，可能是麵糊攪拌過度，或是烤箱溫度過高，即使表面已經凝固，蛋糕中央還是繼續膨脹。下次可能要降低烘焙溫度，或是縮短攪拌時間。

**蛋糕乾硬**是因為烤太久，下次早一點檢查熟度。

**在高海拔地區烘焙**，需要大幅度調整食材比例和方式。在海拔超過900公尺以上的地方，麵糊膨脹與乾燥的速度會快很多。

‧在高海拔的地區製作麵糊，需要調整食材比例，多加一點水，並且讓蛋糕凝固快一些。減少糖和膨發劑，增加蛋、其他液體和麵粉的分量，用白脫牛奶代替牛奶可加快蛋白質凝固速度。

‧蛋白打到泡沫的尖端垂軟即可，而不必硬挺，這樣有助於蛋糕膨脹得更大。

‧使用空心烤模，並提高烘焙的溫度，可以加速麵糊加熱以及凝固的過程。

# CUPCAKES, SHEET CAKES, AND FRUITCAKES
## 杯子蛋糕、方形蛋糕和乾果蛋糕

**杯子蛋糕**的食材是標準的蛋糕麵糊，放在杯形烤模中，很快就能烤好。烤模要塗油或是襯紙，以免蛋糕沾黏。

製作杯子蛋糕，**麵糊倒入杯子中 2/3 的高度**，在 175℃ 的溫度下烘焙大約 20 分鐘。

提早檢查熟度以免烤得太乾。用牙籤或其他探測器具插入中心。如果沒有任何沾黏，就要取出蛋糕，之後先放置幾分鐘，待蛋糕冷卻、結實之後，才從杯形烤模中取出。

**方形蛋糕和蛋糕捲**是用標準的麵糊，在烤模上鋪成薄薄一層，烤 10~15 分鐘。

為避免蛋糕沾黏，在烤模上鋪一張烘焙紙或是蠟紙。

麵糊要鋪得厚薄一致，薄的部位邊緣容易燒焦破裂。

避免蛋糕破裂。快要烤好的時候要注意，以免烤過頭。如果蛋糕最後太乾而無法捲起，可以塗上一層薄薄的糖漿。

**乾果蛋糕**是一種含有大量堅果和糖漬水果的奶油蛋糕。乾果蛋糕烤好之後，通常會浸在烈酒中數個星期熟成，讓風味更豐潤。

如果要讓乾果蛋糕更濕潤，先把乾燥的水果浸在烈酒或糖漿中，水果就不會吸收麵糊的水分。

乾果蛋糕要完全冷卻結實之後，才能從蛋糕模中取出。因為堅果和水果會破壞麵糊的結構。

浸過烈酒的乾果蛋糕在室溫下可以放置數個星期，在冰箱中可以放數個月，要密封以免乾掉。

# MUFFINS AND QUICK CAKES
# 馬芬和簡易蛋糕

馬芬和簡易蛋糕類似速發麵包，但是甜而且豐潤，用發粉或是小蘇打來膨發，不用像一般蛋糕耗力地把空氣打入。

馬芬和簡易蛋糕的麵糊在攪拌的時候要盡量快，以免讓膨發的氣體流失，以及產生堅韌的麩質。標準的方法是把糖加到液體食材中攪拌溶解，然後與麵粉與膨發劑混合。

如果要讓馬芬有高聳的頂端，需把讓麵糊幾乎填滿，然後用較高的溫度烘焙（200~220℃），並且確定麵糊沒有發過頭。

及早檢查熟度，不同杯形烤模的導熱特性差異很大。簡易蛋糕也可以裝在蛋糕烤模或是土司烤模中烘焙，烤熟的時間也不同。如果牙籤或其他探測器具插入中央而沒有沾黏麵糊，就馬上把蛋糕移出烤箱。

移出的馬芬和簡易蛋糕先放涼幾分鐘，比較結實之後，再從烤盤中取出。

**馬芬和簡易蛋糕含有糖和脂肪，比速發麵包容易保存**，在室溫下可以保存一兩天，冷藏儲存可以放一個多星期，冷凍可以存放數個月。

不新鮮的馬芬和簡易蛋糕可以重新加熱，直到蛋糕冒出蒸氣、內部變軟為止。

# GLAZES, ICINGS, FROSTINGS, AND FILLINGS
# 亮液、糖衣、糖霜與餡料

**蛋糕外衣**既好看又好吃，也有助於蛋糕保持濕潤及食用品質。外衣的脂肪保水能力特別強。皇家糖霜、翻糖和其他全糖製成的外衣會吸收水分，如果空氣潮濕反而會變黏。

**蛋糕餡料**通常呈乳脂狀，與蛋糕本身的質地形成對比。

蛋糕餡料通常是甜的發泡鮮奶油、雞蛋基底的卡士達、水果凝乳、以澱粉作為穩定劑的卡士達奶油餡、巧克力和鮮奶油的混合物，以及甘納許。

如果用較穩定的發泡鮮奶油當餡料，選擇在鮮奶油中以明膠作為穩定劑的食譜。鮮奶油打到泡沫尖端垂軟即可，這樣最後不論用塗抹或壓擠的，鮮奶油都不致於裂開。

**蛋糕的外衣有許多形式。**可以用新鮮水果蜜餞做成的亮液、以糖果糖漿加入液體攪拌到能夠塗抹的糖衣、甜味的奶油乳酪或是發泡鮮奶油、各種蛋白霜，以及其他精心製作的食材。

以下是製作蛋糕外衣的注意事項：

熱糖漿倒入雞蛋時，注意不要倒入攪拌中的麵糊，這樣會使糖漿被甩到碗的邊緣而結成硬塊。

如果要讓流動的亮液和糖衣非常滑潤，就塗兩層。第一層要完全覆蓋蛋糕表面，第二層則完全不要碰到蛋糕。

**巧克力糖衣**是巧克力在溫水、溫的鮮奶油、糖漿或無水奶油中融化而製成，混合物比較稀薄，能夠倒在蛋糕上流開，形成柔軟不堅硬的外衣。巧克力糖衣可以冷藏或冷凍，要使用時慢慢加熱。

巧克力糖衣可以更光亮，加入一些奶油、油或是玉米糖漿。巧克力糖衣如果要維持光亮，不可冷藏或是密封。

皇家糖霜可用來做出精細的裝飾花樣，製作方式是把蛋白打好，加入五倍重量的粉糖，如此便可以製作出緊密厚實的蛋白霜。

義式蛋白霜是一種熟蛋白霜，質地結實光亮。作法是把糖加熱到112~116℃ 的「軟球」狀態，然後把糖漿加入正在攪拌器中攪拌的蛋白。注意糖漿不要倒在攪動的葉片上，要持續攪拌到混合物冷卻為止。

翻糖是一種結實、密緻的乳脂狀亮液，口感滑順，其中的糖漿把糖的微小晶體黏結在一起，可以染色或是調味。

淋面用翻糖是熟的，能形成薄薄的外衣。裝飾用翻糖能夠揉捏，形成較厚的外衣。這兩種翻糖都有現成的可以買。

製作淋面用翻糖時，將糖和水加熱，加入塔塔粉或是玉米糖漿，讓糖晶體維持細小的狀態。當混料溫度介於 112~116℃ 時，會變成軟球狀態，此時直接倒在抹上水的工作檯面，讓翻糖的溫度下降到 65℃，接著攪拌刮動翻糖，讓翻糖乾燥，呈現白色。用手揉捏部分翻糖，使之變得滑順。翻糖蓋著，室溫下靜置可以放置一兩天，冷藏可以放置數星期。

使用淋面用翻糖時，可以把調味品和色素揉進去，然後加熱到38~41℃。如果還是太濃無法倒出，再加一些糖漿。

製作裝飾用翻糖時，要把明膠放到熱水中溶開，加入玉米糖漿、甘油和起酥油，再加入粉糖，揉捏到光滑為止。裝飾用翻糖蓋著，室溫下靜置可以放置數小時，冷藏可以放數日。

使用裝飾用翻糖時，表面先抹油，以免沾黏，桿開的厚度不要薄於0.5 公分，蛋糕表面才能維持最光滑的樣子。翻糖要用桿的，絕對不要用拉的，以免拉破。如果翻糖出現裂痕，用保鮮膜包起來以免乾掉。

奶油糖霜堅硬而密緻，是糖和脂肪的混合物，可以調味，裝入擠花器，從擠花頭製作裝飾花樣。傳統的奶油糖霜是以糖、奶油與雞蛋費工製成。簡易的奶油糖霜是由粉糖、奶油、起酥油攪拌而成，幾分鐘就可以做好。

製作傳統的法式奶油餡時，把蛋黃或是全蛋打到起泡，然後細細灑入加熱至 112~116℃ 的糖漿，再把空氣打入，形成質地緻密的混料，然

後靜置讓溫度下降到溫暖的室溫。接著慢慢地將軟化的奶油和調味品攪打進去。法式奶油餡可以冷藏數天，也可冷凍數個月，但即使緊密包好，奶油仍會吸收異味。

如果講究安全，奶油糖霜可以用高溫殺菌的雞蛋來做。用隔水加熱的方式，把打好的雞蛋和糖持續在 70℃ 下攪拌。然後用高速打發10~15 分鐘，直到混合物冷卻變硬。加入剩下的糖，再把軟化的奶油和調味品打進去。

奶油糖霜可以冷藏或冷凍，解凍時要放冰箱，之後重新攪打，以恢復原來的濃稠度。

若要製作簡易的奶油糖霜，可以把奶油、起酥油或粉糖一起攪打。粉糖很細、缺乏顆粒感，其中玉米澱粉會吸收水分而抑制乳油分離。脂肪含量高，奶油糖霜就會柔軟；糖的含量高，糖霜就會比較硬。

使用奶油糖霜時，需加熱到室溫，重新攪打，然後輕輕打到變軟容易塗開為止。

# COOKIES AND BROWNIES
# 小甜餅和布朗尼

小甜餅是迷你的蛋糕或酥皮，質地濕潤或乾燥皆可，也可以介於兩者之間。許多小甜餅麵團的作法類似蛋糕麵糊，但是含的麵粉多、液體少。小甜餅麵團或麵糊不但可以冷藏保存，而且只要幾分鐘就能烤好，很容易就可以吃到新鮮小甜餅。

小甜餅麵團通常含水量很少，些微的比例變化就會影響烘焙時麵團的完整程度，更會大幅影響成品的黏稠度與形狀。

**用來製作小甜餅麵團與麵糊的麵粉**，通常是蛋白質含量低的酥皮用麵粉、低筋麵粉，或是美國南方品牌的中筋麵粉，成品才會酥脆。全美

品牌的中筋麵粉麩質較多，吸收的水分也多，如果用這種中筋麵粉製作小甜餅，成品會比較硬、乾，在烘焙時也比較不容易攤開。

如果要用中筋麵粉來製作柔軟的小甜餅，1/4的麵粉（以重量計）要換成玉米澱粉。

**可可粉、巧克力和堅果**（包括堅果醬和堅果粉）如果取代部分或全部麵粉，做出來的小甜餅會比較鬆軟而具有風味。這些食材含有澱粉或是類似澱粉的顆粒與脂肪，但是沒有會讓質地變堅韌的蛋白質。

**食譜中如果用到真正的奶油，對小甜餅的質地非常重要**，不可以用人造奶油或是低脂的塗醬代替。

小甜餅麵團的作法，一開始大多是將糖與奶油（或起酥油）一起攪打，產生讓小甜餅蓬鬆的氣泡。如果食譜中用到膨發劑，就要充分和麵粉攪拌均勻，以免質地不均，產生奇怪的味道。將膨發劑拌入麵粉，接著打入雞蛋，一次加一個，混合均勻。最後一次混合時盡量少攪動，以免產生麩質，也避免雞蛋中的蛋白質產生泡沫。

小甜餅麵團做好之後，最好冷藏數小時，讓水分分布得更均勻，同時讓麩質放鬆，也讓脂肪變堅硬，這樣切角才會漂亮。

如果要讓風味更濃厚，可以冷藏數天。把麵團密封緊緊包好。

**麵團在冷藏時，澱粉和蛋白質會慢慢分解**，這樣製作出來的小甜餅顏色會比較深，風味更濃郁。

麵團冷凍能夠放得較久，可以先切好，以免重複解凍又冷凍。

小甜餅麵團的大小可依你想要的品質來決定，小的小甜餅各部分都一樣脆或軟，大的小甜餅邊緣是脆的而內部是濕潤的。

烤小甜餅時用厚重的烤盤，這樣成品的品質才會一致。

在烤盤鋪上矽膠墊片、烘焙紙或其他可避免沾黏的塗層。如果烤箱沒有風扇，每次就只能烤一層。烤盤要放到烤箱中層，必要時轉動烤盤，讓加熱更均勻。

小甜餅很快就會烤好，要密切檢查。

烤好的小甜餅要放在烤盤中冷卻到變得結實，之後才取出。如果冷卻後放置太久，黏在烤盤上，放回烤箱加熱一兩分鐘就容易取出了。

小甜餅若要保存，先放在架子上完全冷卻，讓水分充分消散，以免腐敗。小甜餅要密封，以免水分散失或變潮。

小甜餅變硬之後若要軟化，可以在中溫烤箱中加熱數分鐘，或是放入微波爐，用中功率加熱數秒鐘。

**調整小甜餅的食譜**，通常是依據特殊的質地和形狀需求。

調整了一種食材，通常其他食材也需要隨之調整，以達到平衡。

・如果要小甜餅不那麼容易碎裂，多加點雞蛋。

・如果要小甜餅更鬆軟，多加點脂肪或蛋黃，少加點白砂糖。

・如果要小甜餅更酥脆，多加點白砂糖。

・如果要小甜餅更濕潤，用黃砂糖、玉米糖漿、龍舌蘭糖漿或蜂蜜，取代一些白砂糖。

・如果要加深小甜餅的顏色和風味，用黃砂糖、玉米糖漿、龍舌蘭糖漿或蜂蜜來取代部分的糖，或是加入小蘇打。

・如果要讓小甜餅攤得更開，用起酥油取代奶油，用白砂糖取代超細白糖。

・如果要讓小甜餅不攤得那麼開，用奶油取代起酥油，用荷式可可粉取代「天然」可可粉。

**布朗尼**是介於小甜餅和蛋糕之間的甜品，用的是小甜餅的食譜，但是會減少麵團或麵糊中的麵粉用量。布朗尼可以是蛋糕狀、乳脂軟糖狀、有外殼或無外殼的。

製作質地與蛋糕相近的布朗尼，**麵粉分量要多過液體分量**，以可可來代替巧克力。要烤到牙籤或刀子插入中心部位，不會沾黏麵糊為止。

製作質地與乳脂軟糖相近的布朗尼，**麵粉分量較少**，以巧克力代替可可。烤到剛好成形即可，此時牙籤或刀子插入中央會沾黏一點麵糊。

為了避免讓薄的表面結成硬殼，雞蛋要緩緩混入麵糊。若是想要有硬殼，**麵糊在加入雞蛋後要用力攪打**。

如果要布朗尼外酥內軟，可以用高溫烘烤。平常是150℃，此時要調高到180℃。

分切布朗尼需等到完全冷卻之後，才會切得漂亮。

Griddle
cakes are
made from
batters
spread into
thin layers

# CHAPTER 20

## GRIDDLE CAKES, CREPES, POPOVERS, AND FRYING BATTERS

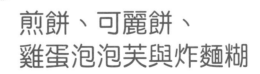

煎餅、可麗餅、
雞蛋泡泡芙與炸麵糊

麵糊的基本原料很簡單，但不同的加
熱方式和膨發劑，便可使風味與質地
產生偌大差異。

煎餅類的點心都是由麵糊製成，液體加入麵粉變得濃稠之後，攤成薄片，很快就能夠煮熟。麵糊的基本原料很簡單：麵粉、牛奶、雞蛋、奶油或其他脂肪，但以不同的加熱方式，再加上一些膨發劑，就可使風味與質地產生莫大差異。

這樣的基本麵糊，如果倒在炙熱的平底鍋上，只要一分鐘，就會變成淺色、濕潤而扁平的可麗餅。同樣的麵糊如果倒入馬芬的烤模，放入高溫烤箱30分鐘，就會成為酥脆焦黃的雞蛋泡泡芙。如果放在入烤盤中，則成為卡士達般的焦黃約克夏布丁。這樣的麵糊如果混入一點酵母菌或是化學發粉，放在平底鍋裡煎，就成了俄羅斯布林餅（blini）或是美式鬆餅，放到格子鬆餅烤模中就成了格子鬆餅。這樣的麵團如果不加脂肪和牛奶，只用水，就成了油炸餡餅或其他高溫油炸食物用的麵衣或麵糊了。

將這類炸麵糊加入蔬菜，放在平底鍋裡煎，就成了韓式煎餅或越式煎餅。

多年來，這些麵糊食物我料理了無數次，但是我費了一番工夫才了解到這些食物其實有密切關聯，而且基本配方還可以有許多變化。如果液體中有足夠的麵粉來增加重量，那麼這種混料的流動情形就不像是水，而類似稀薄的奶油，且加熱之後就會凝固。液體和麵粉的體積比是1：1（重量比則是 2：1）。這種混料的調味和加料方式、是否要多加麵粉讓麵糊更濃稠、是否加入發粉讓成品更蓬鬆，還有可以如何料理，都可以由你自行決定。

如果你是首次嘗試製作雞蛋泡泡芙或是格子鬆餅，那麼最安全的方是就是遵循食譜。不過如果只是煎個煎餅，那麼彈性就大得多，隨著靈感，從基本配方開始進行變化，創造出你自己的煎餅。

# GRIDDLE CAKE AND BATTER SAFETY
# 煎餅和麵糊的安全

**麵糊**食物會完全煮熟，因此如果是新鮮的，不會有健康上的危險。

許多食譜都建議，**麵糊**製作好之後要放置幾個小時，好讓其中乾的原料充分吸收水分。

冷藏麵糊。如果醒麵糊的時間超過兩個小時就得冷藏，麵糊中有雞蛋則更需如此。

冷藏吃剩的煎餅。煎餅吃剩之後如果要放上幾個小時，就得冷藏。

# GRIDDLE CAKE INGREDIENTS AND STORAGE
# 煎餅食材與保存

**麵糊**的材料一般家庭的廚房都有，沒有需要特別注意的事項。

購買新鮮的麵粉和膨發劑，如果已經放置了好幾個月，就換新的。小蘇打和發粉（泡打粉）會吸收怪味，讓麵粉變得不新鮮，讓全穀類麵粉酸敗。

**市售的預拌煎餅粉和格子煎餅粉**有各種不同的完整程度。有些主要成分是麵粉和膨發劑，因此需要外加牛奶和雞蛋；有些只需要加水；有些則已經製成混合麵糊了。這些混合好的成品容易變得不新鮮而走味，而且比一切從頭自己做起，也只是稍微方便一點而已。

麵糊可在冰箱中存放一兩天，這個過程會使發粉的功效減弱。如果

使用酵母菌發麵，使用前要回溫1~2小時，讓酵母菌產生氣泡。

　　吃剩下的煎餅和雞蛋泡泡芙需要冷藏或冷凍。煎餅可以在中溫烤箱中加熱，雞蛋泡泡芙在高溫烤箱中則稍微烤一下就會恢復酥脆。

# THE ESSENTIALS OF MAKING FRIED AND BAKED BATTERS
# 煎麵糊與烤麵糊的製作要點

　　這類麵糊食物成功的關鍵在於，製作出黏稠度適當的麵糊，然後於正確溫度下加熱。這兩點在烹煮時都很容易調整。

　　**麵糊的黏稠度**會決定最後成品的質地。濃稠的麵糊會造成結實、蛋糕般的質地；較稀的麵糊則會製作出較濕潤、輕盈的質地。你可以自行調整比例，多加一點水、麵粉或膨發劑，自行調配出你要的質地。

　　大部分的麵糊食物應該是柔軟而沒有嚼勁的。

　　使用低筋麵粉或是混合麵粉，這樣就不會產生堅硬有嚼勁的質地。這類麵粉包括酥皮麵粉、蛋糕麵粉，或是混合了玉米澱粉或蕎麥粉、在來米粉或玉米粉的中筋麵粉。

　　奶油和其他固態脂肪都有助於讓成品柔軟，但是要先在牛奶中攪打均勻後才倒入麵糊。

　　麵粉混入液體食材時，攪拌到足以均勻混合即可，把麩質的發展與強度降到最低。

　　**煎餅可以不用膨發**，也可用酵母菌、發粉或是小蘇打加上酸性食材來膨發，也可以用打發的蛋白來膨發。

　　不要放太多化學膨發劑，太多會使得麵團塌陷而變得粗糙、緊密，並產生刺激的風味。通常的比例是一茶匙（5公克）的發粉搭配一杯

（120 克）麵粉，或是 1.2 茶匙（2 公克）的小蘇打搭配一杯（250 毫升）白脫牛奶。

為了避免藍莓和堅果變成奇怪的綠色與灰色，要特別留意會造成這種結果的鹼性小蘇打。蘇打要完全和麵粉混合均勻，避免集中在一處。可以用發粉取代一些小蘇打，降低麵糊整體的鹼性。

在食譜中使用發粉取代部分用來中和麵糊酸性的小蘇打，弱酸性能夠讓風味與質地變得比較好。

如果不想用發粉或是酵母菌來發麵糊，或是要讓成品更蓬鬆，可以在烹調之前拌入發泡蛋白。

一般而言，不加酵母菌的煎餅麵糊，要在烹調之前放置一個小時，好讓麵粉有時間吸收水分，並在煮熟後產生輕柔細緻的口感。若放置兩個小時以上則需冷藏。至於格子煎餅追求的是酥脆而非柔軟，因此不需這麼做。

小蘇打（或發粉）以及一兩匙麵粉（及打好的蛋白）先不加入麵糊，等到烹調之前才放，如此可讓蓬鬆的程度達到最大。發粉和麵粉要先混合好再加入，這樣才會分布均勻。

不時檢查麵糊的黏稠度，在麵糊醒好以及烹調之時。緩緩加入一些液體並加以攪拌，以讓麵糊保持流體，同時增加蓬鬆的質地。

煎餅要在不沾鍋或是以油處理過的鍋子裡煎。平底煎鍋的面積可能比爐火的加熱範圍還大，煎的時候要注意加熱區域是否均勻，並且隨時調整。

鍋中的脂肪和油不要添加太多，以免過於油膩。

用中火慢煎幾分鐘，這樣表面才會有引人垂涎的焦黃色，整張餅也剛好熟透。如果使用非接觸式溫度計來測量鍋子溫度，應該是介於 160~175℃，此時如果滴上一滴水，水滴會發出滋滋聲，並在幾秒鐘內蒸發殆盡。

盤子、配料（包括奶油和糖漿）都要先熱好，因為薄薄的煎餅很容易冷掉。

# PANCAKES AND BLINI
# 鬆餅與俄羅斯布林餅

**鬆餅**是很濕潤柔軟的薄餅,是用較稀薄、能在鍋子中輕易流開的麵糊製成。

**俄羅斯布林餅**是用酵母菌發過的鬆餅,通常會加入奶油和蕎麥粉,讓口感更豐富細緻。

**用酵母菌膨發的麵糊**,在倒入煎鍋之後都還會膨脹。麵糊在油煎之前稍微攪拌一下,可以去除大的氣泡。

要製作特別細緻的鬆餅,**麵糊中用優格或是白脫牛奶取代牛奶或水**。用這些比較黏稠的液體來製做麵糊,只需要較少的麵粉,就能達到一定的黏稠度。用小蘇打來取代部分或全部的發粉,可以中和酸性。不過鬆餅稍微帶點酸味也不錯。

麵糊倒入鍋子時,鍋子表面要留下幾匙麵糊的空間,讓麵糊加熱時有膨脹空間。

鬆餅翻面。一旦麵糊上層的邊緣凝固、中央開始冒泡,即可翻面。不要等到邊緣變乾、中央泡泡破裂才翻面,這樣的鬆餅口感粗糙乾燥。

要讓第一片鬆餅的顏色和之後的一樣均勻,一開始就要確實把油抹在鍋子表面,這樣所有的麵糊才會直接接觸到金屬。

如果內部還沒有熟,鬆餅表面在中溫之下卻已經焦黃,就表示麵糊太濃稠。可以加水或牛奶把麵糊調稀,這樣麵糊才會擴散得開,讓厚度較薄。

鬆餅煎好之後不要疊起來,除非立即食用,否則鬆餅會被壓扁並且吸收蒸氣。鬆餅要攤開在盤子或架子上,放在低溫烤箱中。

**德國和奧地利的鬆餅**是以麵粉或澱粉作為穩定劑的甜味舒芙蕾,一開使用熱的油鍋煎,然後放入烤箱烤熟。蛋白打至發泡,用來膨發鬆餅,然後拌入加了糖的蛋黃與麵粉。

要做出鬆軟的烤鬆餅，先把蛋白和塔塔粉打發到穩固濕潤的狀態，這樣煎的時候才會開展。輕柔地把其他食材拌入，以免氣泡減少，接著立即把麵糊倒入預熱好的油鍋中。

# CREPES AND BLINTZES
# 可麗餅與薄烙餡餅

可麗餅是很細緻的煎餅，只有 0.1 公分厚，通常在小而淺的煎鍋裡加熱，一次製作一片，質地濕潤，具有足夠的彈性可以對折再對折成扇狀，在裡面放入餡料，或是直接捲起餡料食用。

薄烙餡餅基本上就是單面的可麗餅，朝上那面放置餡料，對折之後再以奶油煎熟。

可麗餅的麵糊要在油煎之前兩個小時準備好，這樣麵粉顆粒才會充分吸收水分，並在煎一兩分鐘之後變得更軟。

可麗餅的麵糊要很稀薄，濃稠度介於牛奶與奶油之間，這樣倒在熱鍋子上的時候才能很快散開，不會厚薄不均。下鍋之前可用水調整濃度，如果煎的時間拉長，麵糊濃度也要加以調整。

鍋子只要上一點油或奶油就好了，以免油膩。可麗餅不像鬆餅那樣能吸油。

鍋子預熱到 120~135℃，此時滴一滴水下去，水滴會輕微地噴濺。然後鍋子抹上油或脂肪，倒入麵糊。倘若溫度太高，麵糊會在尚未散開之前就凝固，造成加熱的程度不均勻，會讓可麗餅出現泡泡和洞。

一旦可麗餅可以和鍋子分開，就要翻面或轉動；這大約在1分鐘左右。第二面也是煎到可以和鍋子分開的程度就好了。煎太久會變乾。

**不列塔尼式可麗餅或法式酥餅**（galette）是用蕎麥粉製作的，容易破裂而無法翻面，所以在麵糊中要拌入幾匙能夠產生黏性的麵粉，然後加入足夠的水，以達到正確的濃稠度。

**可麗餅**經密封可冷藏數日，冷凍則可保存數星期。

# CLAFOUTIS
# 克拉芙堤

克拉芙堤是沒有外皮的水果餡派，以類似可麗餅的麵糊包圍水果塊製成。

在烹煮前一個小時之前就要把麵糊製作好，讓食材充分吸水，這樣成品的質地才會均勻。

不可使用能脫底的烤模，因為這種麵糊很稀薄，容易在尚未定型之前就漏出來。

克拉芙堤如果要切得漂亮，可先將部分麵糊到入烤模，讓底部一層烤熟定形之後放上水果，最後才倒入剩下的麵糊烤熟。

若要讓克拉芙堤內部保持濕潤口感，一旦外部定了形就不要再繼續烘焙。

克拉芙堤要等完全冷卻之後才切。

# WAFFLES
# 格子煎餅

格子煎餅講求的是爽脆的外皮，麵糊的製作方式比較像是油炸用麵糊，而不是鬆餅用麵糊。格子煎餅的凹口狀烤盤有很大的表面積，如此能讓表皮的面積大幅增加。

格子煎餅的外皮酥脆且容易脫模的要訣：

· 加入大量脂肪。通常每杯麵粉（120克）要加入115克奶油，或是讓麵粉大約與奶油等重。

· 麵糊要稀薄。稀薄的麵糊散得開，容易覆蓋在烤模上，這樣皮才會酥脆，尤其是需要翻面烘烤的比利時格子煎餅烤模。

· 格子煎餅麵糊迅速混合之後要立即烘烤，重點是讓麵粉來不及吸收到太多水分。

**低脂的格子煎餅食譜（以及鬆餅食譜）**，做出的外皮會比較緻密而堅硬，如果吸收了水分就會變得堅韌。

烤盤中要留點空間給煎餅膨脹，如此烤出的成品才會鬆軟。如果麵糊倒太多，格子煎餅就會變得如鬆餅般密實。

要避免格子煎餅沾黏在烤模上，烤模表面要好好上油，或是使用具有不沾塗布的烤模，並且徹底清除前次烹調殘留的脂肪。烤模要預熱完全才倒入麵糊，蓋子夾緊，等到蒸氣大量減少時才打開。

如果格子煎餅不容易脫模，那麼再烤一兩分鐘讓表面乾燥。

要讓格子煎餅在上桌之前保持表皮酥脆，可用架子盛裝置於低溫烤箱中。

吃剩的格子煎餅，密封可以冷藏數日，冷凍保存則沒有期限。放在中溫烤箱或是最低溫的烤麵包機中加熱，可以重新變得酥脆。

# POPOVERS
# 雞蛋泡泡芙

　　雞蛋泡泡芙是杯子蛋糕般形狀不規則的酥皮點心，中心呈空心狀態，以可麗餅麵糊製成，金屬杯子盛裝，在高溫烤箱中烘焙而成。就在內部麵糊受熱產生蒸氣而讓麵糊膨脹往上頂之時，底部、頂部和周圍都會定形。

　　如果要讓麵糊膨脹得較高、外皮較脆，那麼要選用部分蛋白和全蛋分開來打發的食譜。

　　使用的金屬烤杯要深，並且要一個個分開，這樣才能均勻受熱，雞蛋泡泡芙發得才會高。杯子要上油，必要時可先在烤箱中預熱。麵糊只需倒至烤杯一半的深度。

　　雞蛋泡泡芙要在 230℃ 的高溫烤箱中烘焙，15~20 分鐘之後麵糊才會完全膨脹。接著調低溫度，才能讓內部烤熟而表皮又不會太焦。

　　若要節省時間和能源，就從冷的烤杯和烤箱開始烘焙。

　　許多食譜指示：如果要讓麵糊脹得最大，要先預熱烤箱和烤杯。然而就算沒有預熱烤箱、烤杯和脂肪，雞蛋泡泡芙依然能膨脹得很好。

　　將烤好雞蛋泡泡芙的側邊劃出一道刀口，讓蒸氣冒出，以免雞蛋泡泡芙塌陷。

　　保存雞蛋泡泡芙，密封可以冷藏數日，冷凍可以儲存數個星期。

　　要讓剩餘的雞蛋泡泡芙恢復酥脆，在烤箱中加熱5分鐘即可。

# FRYING AND FRITTER BATTERS
# 炸麵糊與油炸餡餅麵糊

　　炸麵糊與油炸餡餅麵糊是把液體和麵粉混合成稀薄的麵糊，然後包裹固態食物去炸；或是把小塊食物黏結在一起，包裹起來油炸。炸出的成品具有爽脆而柔軟的外皮。

　　好的炸麵糊需要足夠的蛋白質（來自麵粉或雞蛋，或兩者並用），才能把麵糊和食物黏結起來。如果麵粉麩質或是蛋黃太多，就會炸出密實、堅硬而油膩的外皮。

　　如果要製作出柔軟而酥脆的外皮，可用玉米澱粉或在來米粉取代部分小麥麵粉，以減少麵糊中的麩質，並讓蛋白的比例高於蛋黃。

　　如果要讓外皮更酥脆，可用伏特加取代一半的液體，因為酒精能限制麩質的形成，並且減少澱粉吸收的水分。酒精在油炸之時會蒸發，幾乎不會殘留在麵皮中。

　　如果要讓外皮更輕盈、鬆脆，加入膨發劑讓麵團形成脆弱的氣泡。可以加入發粉，或是在最後拌入發泡蛋白，也可以用非常冰的啤酒或碳酸水作為液體食材。

　　麵糊盡量少攪動，最好在油炸之前才混合。如此麵粉幾乎沒有機會吸收水分，炸出來的麵皮就會酥脆。如果你油炸時間會超過一小時，就得分別備好固體與液體食材，油炸之前才分批攪拌成麵糊。

　　**日本的天婦羅麵糊**能做出特別細緻、有不規則花邊的外皮。作法是油炸之前才把冷水、麵粉和雞蛋稍微攪拌在一起，而且拌得不必均勻，以減少堅硬麩質的產生。這麼短的時間才能產生酥脆的外皮。

　　要讓麵糊牢牢沾附在食物上，在浸入麵糊之前，可先撒上乾的麵粉或澱粉。

　　用新鮮、風味平淡的油來炸。新鮮的油比舊的油稀薄，不容易黏附食物。

油炸時要經常檢查油溫，並且加以調整以維持所需溫度，通常是160~190℃。最初一兩分鐘需要以較大的火侯來維持溫度，之後就可以轉小。

　　沾過肉或魚的麵糊超過四個小時以後就要丟掉。重複沾過生食材的麵糊可能含有許多會致病的細菌。

Frozen
desserts
melt in mouths
offer the
classic
descriptions
of luscious

# CHAPTER 21

## ICE CREAMS, ICES, MOUSSES, AND JELLIES

## 冰淇淋、冰品、慕斯 與明膠凍

冰涼透心的點心在口中融化,是人類 對於甜美滋味的典型描述。

冰涼與冰凍的點心在口中融化的感受，是對於甜美滋味的典型描述。這些點心令人感到清涼透心，擁有誘人的口感，在口中由固體消散為奇異的美味液體。

冷藏與冷凍可以賦予食物結構和硬度，這點和加熱是一樣的，但是食物經冷藏與冷凍之後，所產生的變化卻具有可逆性。許多冰品與果凍都可以加熱融化，調整成分，然後再次冷卻。至於冷盤，製作過程安全簡單，即使質地未盡完美，也依然可口，適合作為兒童學習烹調的起點。價格合理的製冰淇淋機，最佳選擇依然是利用冰和鹽的桶狀冰淇淋機，製作過程趣味十足。我們甚至可以用三個冷凍袋、一些水和鹽，輕易地湊合出一個製冰淇淋機。

製作冰淇淋通常最注重口感滑順，方法是急速冷凍混料，使得冰晶無法長大到讓舌頭察覺。家用機器製作出的冰淇淋很難達到商業冰淇淋的滑順口感。當我發現這點很難突破時，不禁自問：冰淇淋為何一定要追求滑順的口感？

當然絕非必要！我甚至發現有本早期的冰淇淋食譜中，把冰淇淋稱為「帶針尖的」，因為就是刻意要製作出大的冰晶。我照著做，發現這些冰晶剛開始的確刺刺的，但是立即就溶入滑順的奶油，所以每咬一口就有兩種截然不同的口感。我很喜歡這種冰淇淋，現在也仍在家裡製作這種冰淇淋。

後來我又發現了土耳其與周邊國家的蘭莖粉冰淇淋，這種冰淇淋是把某種特定的蘭花球莖磨成粉，加到冰淇淋中，然後像麵團一樣揉捏，讓冰淇淋變得濃稠以刻意產生嚼勁。你也可以用刺槐豆膠（locust bean gum）達到類似效果，或用瓜爾豆膠（guar gum）這種更常見的增稠劑也可以。

香莢蘭、巧克力和奶油口味雖然都很不錯，但是也可以想想其他的可能性。如果你要自己製作冰淇淋，何不製作擁有個人風格的冰淇淋？

# COLD AND FROZEN FOOD SAFETY
## 冰品的安全

　　冷藏與冷凍食品比起其他許多食物都安全得多，因為這些食物都是在低溫下製作與食用的，微生物在這樣的溫度下生長得非常慢。

　　然而，冷藏與冷凍食品在處理的過程中若不夠謹慎，或是使用了受污染的食材，依然會造成疾病。

　　如同一般食物的安全預防措施，製作冷藏與冷凍食物也不能例外。雙手、器具和生的食材都要洗過，肉、魚和高湯都要煮透。注意不要讓這些食物碰觸到沒有煮熟的食物。

　　**生的或半生的雞蛋**，有時會用來製作慕斯或舒芙蕾等冷食。這些雞蛋會有受到沙門氏菌污染的些微風險，進而帶來疾病。

　　要排除沙門氏菌致病的可能，可以使用高溫殺菌蛋，或是以蛋白粉來取代新鮮雞蛋。

　　在廚房中也可以幫雞蛋殺菌。蛋黃加糖、蛋白加塔塔粉，再隔水加熱到70℃，然後熄火，持續攪拌到涼了為止。

# SHOPPING FOR AND STORING COLD FOODS
## 挑選與儲藏冷凍與冷藏食品

　　**最好的冷藏與冷凍食品**，有著良好的風味和穩定的融化口感，食材都是高品質的水果、果汁、新鮮牛奶、鮮奶油和雞蛋，還有天然香料。要製作屬於你自己的果凍、冰品和冰淇淋，就要用這些食材。

**許多工業化食品都模仿這些新鮮食品**，使用的是廉價的脫水乳製品和雞蛋食材、萃取物或人工香料，大量的玉米糖漿，以及澱粉、膠質等穩定劑，還有防腐劑。

　　在購買之前閱讀標籤，了解你究竟買了什麼。要買到品質新鮮的冰品甜食，就要選擇成分種類最少的品牌，這些成分也要最為人所熟悉。

　　選購冰淇淋時，要秤一下重量，比較價格。一盒市售的冰淇淋中，可能一半體積都是空泡，因此小而密實的冰淇淋，其固體含量未必會比大包裝的少。

　　**冷凍食品部分回溫之後又重新冷凍，會破壞食物的質地**，即使後來完全冷凍了也無濟於事。部分回溫會讓小冰晶融化；重新冷凍之後，這些融化的水會附著在其他冰晶上，形成較大的冰晶。這種溫度循環的過程會讓細緻滑順的質地變成粗糙而帶有顆粒感。

　　買東西的時候帶著保冰桶，好維持冷凍食品的低溫。

　　在結帳之前才從冰櫃中拿取冷藏與冷凍食品。

　　選擇最冷的包裝，這些通常會放在冷藏櫃的最後面。

　　挑小包裝的冷凍點心，這樣才能很快吃完。

　　在冰箱的門開啟又關閉時，壓縮機會反覆運作與停止，使得冰品溫度經常變化。每次食用再冰回，容器蓋子開了又闔起，會讓冰品不斷解凍又冷凍，使得冰品質地越來越粗糙。

　　冷凍室的溫度越低越好，最好低於 -18℃。

　　吃剩的冰品要盡量封緊，以減少冷凍時喪失水分的情形，同時可避免吸收冰箱中的異味。保鮮膜要直接貼覆在冰淇淋和冰品表面。

　　要吃之前將冰品回溫到 -7℃，如此可以保持結實口感但又不會太過堅硬。

　　盛裝冰品或冷品的盤子要先冰過，這樣食物上桌時才能維持冰涼。

# THE ESSENTIALS OF FREEZING ICES AND ICE CREAMS
# 冰品與冰淇淋的冷凍要點

在冷凍的過程中，原本液態混料中的水大多會變成冰晶，其他混料則成為糖漿狀的物質，包裹在冰晶表面，造成滑順的質地。

**冰品與冰淇淋的黏稠度**取決於冰晶大小以及包裹冰晶混料的比例。冰晶越小，質地越細緻。糖漿狀液體和其他食材越多，冰晶就相隔得越遠，質地也越柔軟。

冰晶大小和糖漿狀食材所占的比例，會因為食材、冷凍方式以及食用溫度的不同而有所變化。

**要讓冰晶較少、質地更滑順**，混料就得較甜，且經快速冷凍及持續攪拌。

**要讓質地較軟**，混料就得較甜，且提高食用溫度。

混料中如果加太多糖，冰品和冰淇淋就會有黏稠感，且滲出糖漿。

**其他的混料食材也有助於產生細緻、柔軟的質地**，例如玉米糖漿、蜂蜜、酒精、蛋黃、奶粉、明膠、脂肪、果膠和空氣。

**冰品和冰淇淋有兩種基本的冷凍方式。**

· **靜止冷凍法**是將混料放在盤子或模子中冷凍，在降溫過程中盡量不攪動。這樣製作出來的冰品質地粗糙堅硬，除非裡面含有許多阻礙結晶的物質、糖、脂肪、蛋白質、果膠，以及作為乳化劑的蛋黃。

· **攪動冷凍法**是使用器具頻繁或持續地攪動混料，產生出來的冰晶顆粒較小，質地滑順。攪動同時也會把空氣打入混料，使得冰品比較鬆軟，容易挖取。

**冰淇淋機有三種：** 電動製冰機、冷媒製冰桶，以及鹽滷製冰桶。

· **電動製冰機**是一台小型的冷藏室，會在冷卻的過程中同時攪動與擠壓混料。大部分的電動製冰機冷卻的能力有限，製作出來的冰品相當

軟，若立即食用相當美味，一旦放入冰箱就會變得堅硬而粗糙。

· **冷媒製冰桶**的底部及外壁是中空的，裡面放有冷媒，需要在冷凍室中放過夜才能讓混料結凍。

· 要讓混料在製冰桶中確實結凍，先把混料放在冷凍室中預冷到開始結冰，才移入製冰桶。

· 要在製冰桶中製作出滑順的冰淇淋，並防止攪拌器被凍住，得持續轉動攪拌器。

· **鹽鹵製冰桶**是原始冰淇淋機器的現代版，功效良好。這個機器會以冰和鹽的冰鹽鹵包圍混料。鹽鹵之中，鹽的比例越高，鹽鹵的溫度就越低。

· 要讓混料盡快結凍，得讓鹽鹵的溫度遠低於混料的冰點，通常是 -7℃ 以下。

**製作冰品有四個步驟：**混合食材、預冷混料、冷凍混料、讓剛冷凍好的冰品變得更硬。

把食材混合起來，其中有些食材可能需要先煮過。糖漿無需特地製作，除非你要同時快速地製作好幾份不同的混料。糖不用加熱也能很快溶解。

冰品的調味要大膽。當入口的是低溫食物，我們對風味的知覺能力會降低，因此風味要重才會察覺得出來。

把混料放到冷凍室中預冷，不時攪拌，直到容器邊緣開始結凍。這個過程有助於加速攪拌過程，產生細緻的質地。

如果要在製冰桶或是製冰機中，繼續冷卻混料，那麼混料在製冰桶中裝到 2/3 滿即可，保留空間讓混料與空氣混合而膨脹，並能蓋過攪拌器的上緣。如果在想在接近冷凍完成之際加入堅果、水果等食材，就要預留更多空間。

攪動到混料硬得無法再攪動為止。如果要讓冰品非常鬆軟，那麼要在混料開始變硬時用最快的速度攪動，此時混料才有能力捕捉空氣，讓質地變得柔軟。

如果要在沒有製冰桶或製冰機的情況下，慢慢冷凍混料，那麼使用

淺而廣的鍋子，以提供較大面積讓熱能散逸。偶爾攪動與刮動混料，以免結凍。緩慢的結凍過程可能要花費數小時，時間長短視混料的體積而定，而且質地會比較粗糙。

如果要在沒有製冰桶或製冰機的情況下，快速冷凍少量混料，把混料裝在塑膠夾鏈袋中攤平。這個方法只需花費約 30 分鐘，而且質地比緩慢冷凍的更為細緻。

‧將 500 毫升的混料放在4公升裝的冷凍袋中預冷。

‧將 150 公克的顆粒鹽混入 1~1.3 公斤重的冰塊，製成冰鹽鹵。把盛裝混料的袋子‧浸入整碗冰鹽鹵，並偶爾揉捏袋子讓袋中的食材平均降溫，直到混料變硬為止。

‧如果要讓攤平的混料均勻降溫，且減少鹽鹵的用量，可以把鹽鹵也放入袋中。將 0.5 公斤的鹽溶入 3 公升的水，製成鹽鹵，接著分裝到兩個 4 公升的袋子中，放在冰箱中冷凍至少 5 小時。接著把預冷過的混料袋放置在兩個鹽鹵袋之間冷凍。

剛做好的冷凍混料若要完全結實，需放到冰箱中冷凍數個小時才會完成。混料可以分裝到兩三個預冷過的容器中，以加速冷凍。記得蓋子蓋好，以免吸收異味。

**直接從冷凍庫拿出來的食物太冷，並不好吃**，質地過於堅硬，會讓牙齒和頭部疼痛。

冰淇淋和冰品要回溫到 -14~ -7℃ 才食用。

如果冰品取出食用之後還要再冷凍，那麼得將你要吃的分量盡快挖出，剩下的立即放回去冷凍，以減少冰晶顆粒產生。

冰品和冰淇淋要迅速回溫，可以把容器拿去微波 5~10 秒，然後檢查質地，視需要重複加熱。微波能夠深入冷凍的食品中，讓食物稍微融化而使冰品變得柔軟。

# ICE CREAMS
# 冰淇淋

冰淇淋是由鮮奶油和加了糖的牛奶混料冷凍製成，能在口中融化。

好的冰淇淋質地滑順、結實，帶有一點嚼勁，冰涼而不凍，會緩慢而均勻地融化。

製作美味冰淇淋的關鍵，在於均勻混合食材以及快速冷凍，如此才能使細小的冰晶被甜美、濃厚而濃縮的鮮奶油包圍。

**要製作出口感滑順的冰淇淋**，**基本混料**是用等量的全脂牛奶和高脂鮮奶油，加上占總液重 20% 的糖（大約是 500 毫升的液體就加入 100克的糖）。這樣混料中的糖分和乳脂含量都很高。

**有些食材可以提供滑順的口感**，取代部分乳脂肪和糖。這些食材包括蛋黃、蒸發乳、奶粉、玉米糖漿、澱粉、果膠、膠質和明膠。

**冰淇淋有三種基本形式：**新鮮（費城式）冰淇淋、法式冰淇淋、義式冰淇淋

· **新鮮冰淇淋**是把新鮮牛奶、鮮奶油、糖、香料混合在一起冷凍而成，是最簡單的冰淇淋，有著單純的鮮奶油風味。新鮮時最好吃，存放後就會變得硬而粗糙，其中乳脂肪的含量相當高。

· **法式冰淇淋**是由牛奶、蛋黃、糖、香料混合後煮熟後製成，有時也會加上鮮奶油。將這些食材一起攪拌加熱，使質地成為卡士達般濃稠，然後再冷凍，會產生非常滑順的質地。法式冰淇淋通常不太加鮮奶油，因此乳脂肪的含量相當低。如果要讓混料口感濃郁，也可以放入高脂鮮奶油。

· **義式冰淇淋**則是由烹煮過的牛奶（有時是鮮奶油）混合大量的蛋黃（每 500 毫升牛奶用到 5 個蛋黃以上），然後輕輕攪動，避免混入空氣，因此密度最高。義式冰淇淋由於含有大量用於乳化的蛋黃和蛋白質，質地非常滑順，有明亮的光澤。

**少脂、低脂和無脂的冰淇淋、冰牛奶和冷凍優格**，所含的乳脂低於市售冰淇淋的乳脂標準（10％）。這些產品皆使用脫脂奶粉、玉米糖漿和各種膠質，來取代能產生滑順質地的乳脂。

**霜淇淋（軟質冰淇淋）**所含的脂肪與糖會比一般的冰淇淋少，因為這種冰淇淋的食用溫度較高，處於半融狀態。

**冷凍優格**脂肪含量也低，所含的酸味讓人精神一振。市售的冷凍優格幾乎不含優格及益菌。

若要自製有著新鮮風味與活菌的冷凍優格，把糖和蜜餞放入原味優格，混合之後預冷，然後再冷凍即可。

自製冰淇淋時，應使用最新鮮的牛奶和鮮奶油。超高溫殺菌鮮奶油比起較少見的高溫殺菌鮮奶油，風味更為平淡，但是能夠使冰晶維持細小，並且可以避免一不小心便攪拌出奶油。美味的酸冰淇淋可以用法式鮮奶油來做。

處理含有高脂鮮奶油的混料時要小心，避免把其中的脂肪攪拌成奶油。混料要徹底預冷，攪拌時間則越短越好。

如果要使用完整的香莢蘭豆或其他香料，先把香料加入熱的牛奶或是鮮奶油，再混入其他食材。如果使用香料萃取物，就得等到混料冷卻之後才加入。加少許鹽可以凸顯其他風味。

製作法式冰淇淋混料的方式：

把蛋和糖打在一起，牛奶（和鮮奶油）則分開加熱到80℃，然後把熱的液體倒入蛋汁（不要把蛋倒入熱的液體，以免蛋汁凝固）。

把混料加熱並攪拌到濃稠，大約70℃。

迅速把混料端離火源，然後攪拌到涼。將混料細篩過，然後預冷。

放心地讓冰淇淋混料放置數小時熟成。市售的冰淇淋混料中含有明膠和作為穩定劑的膠質，因此熟成的過程十分重要。不過自製冰淇淋時，高溫殺菌的鮮奶油很容易在熟成的過程中乳油分離而形成奶油。

混料放入冷凍室預冷，偶爾攪拌並且刮除邊緣的冰晶。可以把混料分裝到小容器中加速預冷。當混料的溫度降到 -1℃，或是幾分鐘之內就形成新的冰晶時，即可放入冷凍室。

混料在冰淇淋機裡面迅速冷凍的過程中,得頻繁地持續攪拌,如此能製造出最細緻的冰晶和口感,並可避免讓鮮奶油發生乳油分離而出現奶油。如果使用靜止冷凍法,將混料放在鍋子裡,每隔幾分鐘就要攪拌並且刮除冰晶。

如果要用空氣製造出蓬鬆感,等混料變成半固體狀態時便劇烈攪動,好包住空氣。

要製作如義式冰淇淋般密實的冰淇淋,攪拌半固體混料時就得盡量不要攪入空氣。

堅果、水果丁或巧克力等固體食材,要等到攪拌動作即將完成之時才放入。

讓混料變硬。當混料硬到無法攪拌時,就放到冷凍室中繼續變硬。

把混料分裝到數個預冷過的較小容器中。

冰淇淋放置的地方越冷越好,最好是放在冷凍室深處。保鮮膜要直接貼覆在冰淇淋表面,以免吸收到冰箱異味與凍傷。保鮮膜下的空氣要盡量擠出。

想趁著冰淇淋硬實之時,挖出細緻蓬鬆的冰淇淋球,可用刮杓邊緣在冰淇淋表面刮出薄而綿長的帶狀冰淇淋,然後滾成球狀。

用冷凍過的碗來盛裝冰淇淋食用。

# ICES, GRANITAS, SORBETS, AND SHERBETS
# 冰品、冰沙、雪泥和雪酪凍

**冰品**是以水果本身或調味過的水(咖啡、茶、可可、酒)以及糖,有時也會加入牛奶,直接冷凍製成。這種冰品會在口中融化,帶來酸甜

清新的濕潤口感。

**冰沙**也是結凍的冰品，通常沒有雪泥那麼甜，刻意製作成比較粗並帶顆粒感。

**雪泥**是攪碎的冰，味道較甜而質地細緻。

**雪酪凍**是含有牛奶的雪泥。

**大部分的冰品都很耐放，甚至具可逆性**。要吃的時候，冰品可以放在食物處理器中磨成粉狀，製造出柔軟的口感，也可以溶化、改良，再結凍起來。

**冰品的質地**取決於混料中糖的分量，以及所用水果的質地。

糖越多，冰晶就越小，質地就越細緻。

比起稀薄的果泥和果汁，濃厚的果泥能作出顆粒更細緻的冰。用杏子、覆盆子和鳳梨的果泥製作出來的冰品，顆粒會特別細緻。

如果要製作口感特別滑順的冰品，可以使用含有大量油脂的酪梨，比例約占水果總量的 1/4。如果用多了，就會吃出酪梨味。

**如果混料中糖的重量占 25~30%**（包括水果所含的糖），就能做出口感滑順的冰品。調配比例是每 500 毫升的水加入 45~90 公克的糖。如果糖少了，質地就會較為粗糙；糖多了，質地就會較為甜膩黏稠。

如果要製作糖分少而口感滑順的冰品，可以用玉米糖漿或幾匙酒精含量高的烈酒或香甜酒，代替其中 1/4 的糖分。

如果刻意要製作顆粒粗糙的冰沙，**糖就要盡量少加**。

若要平衡額外添加糖分所產生的甜味，可以加入檸檬汁、萊姆汁或檸檬酸。

**有些果汁或果泥，用水稀釋之後風味更細緻**，吃起來也比較不像單純的冷凍水果，例如哈密瓜和梨子。很酸的檸檬汁、萊姆汁需要稀釋才會可口。稀釋也能讓你用同樣分量的水果做出更多冰品。

製作簡易的冰沙，將混料放在鍋子裡冷凍，不需攪拌。食用時，就用湯匙或叉子刮取表面的冰晶，裝在預凍的容器裡。也可稍微放置一會，等解凍至可直接以叉子搗裂，然後以手動方式或食物調理機磨碎。

製作從冷凍庫拿出就可以直接食用的冰沙，在冷凍過程中就得偶爾

攪拌混料，以形成鬆散的冰晶團塊。

製作雪泥和雪酪凍，混料要放冷凍室預凍，並偶爾攪拌，一旦混料在容器邊緣開始產生結晶，就放到冰淇淋機中攪拌到變硬為止。

冰品都要密封保存，保鮮膜要直接貼覆在冰品表面，以免冰品吸收冰箱異味。

食用前先回溫，以易於挖取和食用。要快速回溫，可以連同容器放到微波爐中加熱 10 秒鐘，檢查質地，若有必要可以重複加熱。

用冷凍過的碗盛裝冰品。


# COLD AND FROZEN MOUSSES AND SOUFFLES
# 冰涼與冷凍的慕斯和舒芙蕾


慕斯是由具有風味的液體、食物泥或食物糊，混合發泡蛋白或發泡鮮奶油（或兩者並用），以產生結構與蓬鬆感，然後冷卻或冷凍定形後食用。

**冷凍慕斯**是自製冰淇淋之外另一種好選擇，冷凍時不需要攪拌，通常質地滑順，而且很容易就可以食用。

如果要製作出風味十足的慕斯，得把會稀釋味道的雞蛋或發泡鮮奶油的分量減到最少。

若要維持泡沫的體積，得輕輕地切拌食材和泡沫。切拌時，先把 1/4 的泡沫和其餘混料充分混合，讓混料比較蓬鬆，然後再把混料倒入剩餘的泡沫（或是泡沫倒入混料中）。切拌時垂直上下動作，直到拌勻為止。

**明膠**存在於巴伐利亞卡士達及某些慕斯的基本食材，用來提供額外的穩定結構，以方便脫模，同時產生誘人的光澤。先把混料加熱到

38℃，然後才加入明膠，並在降溫之前讓明膠均勻散開。

慕斯冷卻之後要冷藏到十分冰涼，而且完全定形。單人份至少要冷藏2小時，較大分量的則要 4 小時。

**冷凍慕斯和舒芙蕾**基本上是比較蓬鬆的冰品和冰淇淋，是把水果泥、巧克力或香甜酒，以及發泡鮮奶油或雞蛋（或兩者並用）混合在一起，放在模子或單人份杯子中拿去冷凍，冷凍過程不需攪拌。

**義大利冰糕**（semifreddo）是蛋糕加上法式冰淇淋，再加入發泡鮮奶油而變得輕盈鬆軟的混料，冰涼或冷凍後製成的。

**冷凍時若沒有攪動**，製作出的成品就會有冰塊顆粒般的質地。

冷凍慕斯如果要減少顆粒感，選擇含有蛋黃、玉米糖漿或明膠的食譜，這三種食材會干擾冰晶的形成。然後再以發泡鮮奶油或發泡蛋白來增加慕斯的體積。

若要得到最多蓬鬆感，泡沫輕柔地與基本混料切拌。

慕斯和舒芙蕾要以保鮮膜稍微覆蓋，以降低冷藏與冷凍時所吸收的異味。

# COLD JELLIES
# 冷盤凍

冷盤凍是風味十足、光亮、滑溜且大多為透明的膠體，能在口中融化。冷盤凍通常由各種液體為基礎製成，包括肉類高湯（肉凍）、葡萄酒、烈酒（酒凍）、新鮮的蔬果泥或蔬果汁、牛奶、鮮奶油（義式奶凍）。肉片、魚片、雞蛋、蔬菜和水果等，都可以加入冷盤凍。

**明膠**可以讓液體變成固體的凍。明膠是從動物的皮和骨頭萃取出的蛋白質，溶入溫或熱的液體中會消失無蹤，冷卻後就會凝固成濕潤的固體，接觸到人體溫度後（口中或高的室溫）就會升溫而融化。

如果不想使用動物性明膠，可以使用從海藻碳水化合物製成的植物性明膠來替代。超級市場可以買到鹿角菜膠，上面附有詳細的使用說明。在亞洲傳統市場中，可以買到從海藻碳水化合物製成的洋菜（或稱寒天）。洋菜凍和明膠凍不同，需要將近沸騰的溫度才會溶化，冷的時候質地比較脆硬，而且要在 85℃ 才會再度融化，所以洋菜膠在口中不會融化，需要咀嚼。

製作肉凍或是其他鹹味的凍膠可以不需要買明膠，可用肉或魚的骨頭和皮來熬製含有明膠的澄清濃縮高湯。

**市售的明膠**有兩種形式。

**粉狀明膠**通常是按照袋裝、體積或是重量計算。每袋明膠的含量通常是7公克。

**片狀明膠**通常是以片數或重量計算。每種商品的重量、大小與凝結強度不同。片狀明膠和粉狀明膠沒有通用的換算法則。

這兩種明膠在使用之前都要浸在冷水中，以免加入溫熱的液體中會造成結塊。如果結塊了，持續攪動直到結塊完全溶解為止，這個過程會花些時間。

粉狀明膠使用前，用較淺的碗盛少量的冷水，把明膠撒入均勻散開，好吸收水分。放置 5~10 分鐘，再將濕潤的明膠混合其他食材。

片狀明膠使用前，先放入碗裡，以冷水完全浸泡 5~10 分鐘，然後取出，擠去多餘的水分，再溶入其他食材當中。

加入明膠前，應先將其他食材煮好備用。在高溫或持續加熱之下，明膠會分解而逐漸喪失凝固的能力。

**明膠凍的堅硬程度**，取決於液體中明膠的濃度，以及所加入的其他食材。明膠太多做出的凍會如橡膠般有嚼勁，明膠太少則根本無法凝固。

**標準硬度的甜點果凍**，市售混合包的明膠含量約占3%，或是每250毫升的水放一包明膠。

如果要製作質地較軟但是依然能夠脫模的明膠凍，每500毫升的液體要放一包明膠。如果要讓明膠凍達到會顫動程度的細緻度，每750毫

升的液體放一包明膠。

**會讓明膠凍更硬的食材**，為適量的糖、牛奶和酒精。

**會讓明膠凍更軟的食材**，為鹽和酸。水果和葡萄酒都含有酸，若有用到這兩種食材，就要加入較多明膠，如此明膠凍的軟硬度才會和使用其他食材時一樣。

有些水果和香料不適合製作明膠凍，其中含有會分解蛋白質的分解酵素，讓明膠凍無法凝結成形。這些食材包括：無花果、奇異果、芒果、哈密瓜、木瓜、桃子、鳳梨和生薑。這些食材要先完全煮熟才可以使用，或是以罐頭來取代。

如果要以果汁來製作非常透明的果凍，果汁要先過濾或是讓它變得澄清。如果需要可以加水稀釋。

茶和紅酒會使明膠凍變得混濁，因為其中含有單寧，會和明膠的蛋白質聚集成團。

為了避免食材漂浮在明膠凍表面或是下沉到底部，可讓含有明膠的液體變得較黏稠一點，才把固體食材放入，如此可讓食材平均分布於明膠凍之中。

明膠混料放入冰箱中冷卻，幾個小時之內就會凝固，若放數日則會緩緩持續變硬。大份明膠凍所需的凝固時間，比分裝成小份的來得久。

如果明膠凍無法順利凝結，可以緩緩加熱到40℃，然後取出一小部分混料，再撒入一些粉狀明膠加以溶解，之後把這些新混料加入原來的混料之中。攪拌均勻後，舀一湯匙放到冰箱中迅速冷卻。倘若冷卻後並未凝固，就重複這個步驟。

明膠凍要存放在冰箱，但是不要冷凍，以免解凍時會有液體滲出。

要將明膠凍從模子中取出並加以切割，可先讓模子稍微回溫，刀子也微溫再切。

如果要把明膠凍切出裝飾花樣，砧板和刀子都得先預冷，以免明膠凍融化。

明膠凍要盛放在預冷過的碟子上。

Chocolate is one of the most mouthfillingly delicious foods

# CHAPTER 22

## CHOCOLATE AND COCOA

## 巧克力與可可

成就巧克力光亮、爽脆、豐
腴而甘美的特質,主要在於
巧克力中的魔力:可可脂。

巧克力是最令人垂涎的美食之一，製作過程也最為繁瑣。巧克力的食材是富含油脂的熱帶樹木種子可可豆。可可豆先發酵，乾燥之後烘烤，然後磨細、加糖。最後巧克力會散發出強烈的堅果味、水果味、苦澀味和甜味，口感豐厚，會慢慢在口中融化成絲絨般細緻。

　　巧克力也是食品工業的一大成就，製造商想方設法，將可可豆中的脂肪與固形物分離，並將固形物研磨至舌頭難以辨別的程度，才造就出今日口感細緻的巧克力。巧克力類食物的製作方式大多不難，不過要自製出如市售巧克力糖或是巧克力外衣般光亮、爽脆、甘美的巧克力，才是最大的挑戰。

　　成就這些品質的關鍵，主要在於巧克力中的魔力：可可脂。如果巧克力已經回火，或在融化與冷卻的過程中經過仔細處理，那麼可可脂肪就會凝固成平滑的表面，並且有著鏡面般的光輝。一旦可可脂完全凝固，固態可可脂破裂時便會產生爽脆的斷裂感，而且會剛好在口腔的溫度下融化，為舌頭帶來些微清涼感受。如果巧克力在定形之前沒有回火，表面就會變得暗沉並出現斑點，融化在指尖和舌頭上時，會有柔軟而油膩的感覺。

　　回火過程耗時費工，但這是一項神奇的過程，即使出了錯，也很容易從頭來過。我對巧克力十分著迷，曾經偷偷把新鮮的可可豆莢帶回加州，在自家廚房讓可可豆發酵數日，然後乾燥、烘焙與搗碎，只為了想要感受為何這種苦澀無香味的生種子，能夠變成絕頂美味的食物。這種事我沒有辦法每天做，但是我偶爾也能融化一些巧克力，好好回火，然後和烤好的堅果混合在一起，做出和市售巧克力一樣新鮮爽脆的巧克力當餐後甜點，享受這種熱帶種子脂肪穠纖合度的天然美味，為我帶來難以言喻的意外驚喜。

# SHOPPING FOR CHOCOLATES AND COCOA
# 挑選巧克力與可可

　　巧克力和可可是變化很大的食材，市面上販售的商品有各種不同配方，包括含有乳固形物、香料，以及從無糖到高糖的。有的巧克力可能是由發酵或烘焙不良的可可豆製成，吃起來會有霉味、煙味或刺激感。一個以某種廠牌或種類的巧克力製做出完美成品的食譜，要是換成了另一個廠牌或種類的巧克力，可能就會造成災難。

　　要再三確認食譜中所指定的巧克力或可可，然後購買一樣的。如果可可固形物的比例也有指定，更要特別注意。如果你買不到，試著依照你買的巧克力調整配方。

　　嘗嘗不同廠牌的巧克力和可可，好知道你可以選擇的味道。

　　**廉價量產巧克力**是由便宜的可可豆製成，可可豆固形物的含量非常少，有許多糖，風味溫和。

　　**昂貴的「精製」或「手工」巧克力**通常含有大量高品質的可可固形物，具有強烈而複雜的風味。

　　**牛奶巧克力**中含有的可可豆固形物比黑巧克力少，並且加入了奶粉，風味最溫和。

　　**「白巧克力」**不含可可豆固形物，只有可可脂、糖、奶粉和香料，味道非常柔和，多是牛奶和香莢蘭的風味。

# CHOCOLATE SAFETY AND STORAGE
# 巧克力的安全與保存

　　巧克力本身和巧克力製成的食物，通常非常乾、非常甜，微生物幾乎無法在上面生存，鮮少會有健康上的危害。

　　如果巧克力上面出現白色薄膜或是斑點，並不需要丟掉，這是因為溫度變化或濕度增加而產生的脂肪和糖顆粒。這些巧克力可用於烹調，或是融化重新回火。

　　巧克力製成的甜點可以在室溫下放置數個星期，如果在氣候比較潮濕的地方就要密封，以免表面滲出粒狀白色糖斑。如果其中有堅果就要盡速吃掉，因為堅果的油脂比巧克力容易走味。

　　巧克力甜點密封後，可以冷藏或冷凍保存數週甚至數個月。在冷凍之前，先冷藏一兩天。解凍時放在冷藏室 24 小時之後，再放回室溫下。快速而劇烈的溫度變化，會讓巧克力及餡料膨脹或收縮，使得巧克力碎裂。冷的巧克力甜點在打開封口前得先完全恢復到室溫，否則空氣中的水分會凝聚到冷的巧克力上，讓巧克力出現斑點，並且變得黏膩。

　　純的黑巧克力和牛奶巧克力可以保存數個月，密封後置於陰涼的室溫。可可固形物可以預防氧化，但是無法防止風味逐漸流失與巧克力本身碎裂。巧克力儲存在溫度變化小的地方，以免表面滲出蠟狀油斑。

　　白巧克力可以保存數個星期，密封後置於陰涼的室溫，冷藏則可保存更久。白巧克力沒有能抗氧化的可可固形物，因此走味的速度要比黑巧克力快。

# TOOLS FOR WORKING WITH CHOCOLATE
## 製作巧克力的工具

使用能夠正確控制分量與溫度的工具，有助於輕鬆製作出成功的巧克力。

**廚房用秤**是不可或缺的工具，這樣才能秤出準確的巧克力分量，也比用杯子或匙子量出的準確許多。

**精確的溫度計**很重要，這樣才能夠確實讓巧克力回火。

廉價的即時溫度計量出的溫度並不準確，數位烹調用溫度計會精準得多。特殊的巧克力溫度計能夠測量 40~55℃ 之間的溫度。在回火巧克力時，非接觸式的溫度計不需要浸入巧克力，也就不用清洗，非常好用。不過在製作甘納許時並不適用，因為其中所含的水分會讓讀取出來的數據不正確。

**木頭或矽膠製成的湯匙**在攪拌融化的巧克力時，比較不會導熱，如此較能控制巧克力的溫度。

**隔水加熱或是雙層蒸鍋**可以用間接的方式慢慢加熱，這是把兩個平底深鍋疊在一起，下層鍋子盛水，直接放在爐火上加熱，上層鍋子放巧克力，經由下層的蒸氣來加熱。你也可以把大碗放在比碗口稍窄的平底深鍋上，然後直接加熱鍋子，一樣可以達到隔水加熱的效果。

注意不要讓水滴或蒸氣沾濕了巧克力。在用水或水蒸氣加熱巧克力時，少量的水分就會讓巧克力的顆粒結塊，形成堅硬的團塊。

**大理石板或花崗岩板**適合用來回火融化的巧克力，即使劇烈刮動也不會受損。也可以用上過油的烤盤或是矽膠墊來代替石板。

**擠花嘴和擠花袋**可以擠出漂亮、大小均勻的甘納許。

**巧克力叉**等工具，可用於處理與移動食物塊，來沾覆融熔巧克力。

**巧克力模**能夠讓融化的巧克力凝固後，形成各種漂亮的形狀。

# WORKING WITH COCOA POWDER
# 使用可可粉的方法

　　可可粉是可可豆的乾燥顆粒所構成，巧克力的所有風味幾乎都集中在可可粉上，其中可可脂的含量從5~25%都有。高脂可可粉能做出口感較為豐腴的成品。欲比較不同品牌的可可脂含量，可查閱營養成分表。

　　**「即溶」可可粉**含有糖和乳固形物，能夠製成熱巧克力。這是速食品，並非烘焙用食材。

　　**不含糖的可可粉有兩種**，各有不同風味，通常不能替換。

　　**「天然」可可粉**沒有經過任何處理，顏色赤褐，口感苦澀，帶有酸性。這種酸可以和小蘇打起反應，讓烘焙食物膨脹，並且可以加快麵粉和蛋白凝固的過程。

　　**「荷式」，或稱「鹼性化」、「鹼處理」可可粉**，都經過與小蘇打相近的化學物質處理過，口感比較溫和，顏色從淡褐色到接近黑色的都有。顏色越深，味道越溫和。這種可可粉不是酸性，而是中性或弱鹼性，不會和小蘇打起反應，也會減緩蛋白質凝固的速度。

　　確定你買的可可粉是食譜中所要求的類型。如果類型不符，而食譜中又要用到小蘇打或是酸性物質（例如塔塔粉、白脫乳或檸檬汁），那麼就需要調整配方，以小蘇打來中和天然可可，或以酸性物質來中和荷式可可粉。

　　大部分需要可可粉的料理中，最大的困難在於把非常乾的顆粒、硬脂肪與其他食材混合在一起。

　　這些顆粒外面有脂肪包裹著，很不容易與其他濕的食材混合均勻，而且容易吸收熱的液體而結塊。

　　如果要把可可粉和液體混合在一起，先把可可粉和少量冷的或溫的液體混合成糊狀；別使用熱的液體，那會讓可可粉結塊。然後把可可粉

糊加到其他液體中，冷熱皆可。

# KINDS OF CHOCOLATE
# 巧克力的種類

**巧克力主要有四種**，主要依照可可食材、糖和乳固形物的比例來區分。幾乎所有巧克力都有額外添加可可脂、天然或人工香莢蘭，以及卵磷脂（這種乳化劑有助於將顆粒和脂肪融合在一起）。

**沒有甜味的巧克力**完全由可可粉和可可脂組成，不含糖。這種巧克力是能夠吸收液體的粉末，吃起來苦澀，巧克力風味濃郁，是用來和其他食材一起料理的，不適合直接吃。

**苦甜巧克力或半甜巧克力**中的成分至少 1/3 來自可可食材（可可粉加可可脂），但是也可以高達 90%，含糖量通常為 10~50%。

市售的苦甜巧克力通常會標示百分比。70% 巧克力中，可可粉加可可脂總共占 70%，糖含量為 30%。百分比代表的是巧克力風味和甜味的比例，並不代表品質。

**甜巧克力**至少含有 15% 的可可食材，通常不超過 50%，糖的含量通常是 50~60%。

**牛奶巧克力**中至少含有 10% 的可可豆食材，奶粉含量為 15%，糖的含量約為 50%。

**「調溫巧克力」**可以用任何巧克力來做，其中額外加添了充足的可可脂，因此融化時能夠順利流動，形成薄薄一層外衣。

**「白巧克力」**不是真正的巧克力，不含可可顆粒或巧克力風味，只有溫和或無味的可可脂、糖和奶粉。

**合成巧克力外衣或非回火巧克力**中，部分或全部可可脂都用其他熱

帶種子的脂肪代替。這種巧克力就算在溫暖的溫度下也不會軟化，無需特別處理就可以維持光滑爽脆。

# WORKING WITH CHOCOLATE
# 使用巧克力

　　巧克力在廚房中主要有兩種基本使用方式。一種是融化後便直接凝固成巧克力外衣或是製成巧克力糖；一種是混入其他食材，以增添其他食材的風味與濃稠度。

　　**要做出光滑、硬實又爽脆的巧克力造型或巧克力外衣**，就得在特定的溫度範圍融化並維持一段時間。這個過程稱為「回火」，以下就是回火的過程。

　　**巧克力若拿來造型或製成巧克力外衣，便無需回火**，尤其是剛做好趁鮮吃，不太需要注意口感之時。沒有回火過的巧克力一樣可口。如果你需要更進一步提升巧克力的外觀以及口感，而且時間也足夠，才需要回火。

　　**在熱的天氣或是廚房中，不容易處理巧克力。**可可脂在體溫下就會融化，在比較溫暖的室溫下就會變得軟黏。

　　如果不用回火法來融化巧克力，就把巧克力磨碎或切成小塊，隔水加熱或是直接以小火持續攪拌加熱。也可以用非金屬製的碗盛裝巧克力，以微波爐加熱，每隔 30 秒就拿出來攪拌。

　　巧克力不可單獨加熱到 50°C 以上，純黑巧克力可承受的溫度可再稍微高一點，但是依舊要避免過度高溫，以免乳化劑受損，使固形物與脂肪分離。

　　**巧克力和其他液體食材（例如牛奶或鮮奶油）混合後，**液體食材中

的水分會把巧克力中的糖顆粒溶出而形成糖漿，這些糖漿再由粉狀的可可顆粒所吸收。

**巧克力混料成功的關鍵在於成分的正確平衡**。也就是讓可可脂、形成糖漿的糖，以及吸收水分的可可顆粒這三種成分達到平衡。

不同的巧克力中，可可脂、可可顆粒和糖的比例並不相同，因此確定要使用食譜中指定的類型，或是依照你現有的巧克力調整食譜配方。

若以巧克力含量高的手工巧克力來取代標準的苦甜巧克力，那麼巧克力的用量就要減少，糖的分量則增加。例如用 70% 的巧克力來取代含量約 50% 的標準苦甜巧克力，那麼巧克力的用量就要減少 1/3，糖的分量則要增加其減少重量的兩倍。

巧克力和液體混合時，水的重量至少要是巧克力重量的1/4~1/2。水太少會讓糖和巧克力顆粒黏在一起，變成很硬的糊。巧克力中可可固形物含量比例越高，水的比例就要越高。如果以鮮奶油作為混合用的液體，記得鮮奶油的含水量只有60~80%（視其脂含量而定）。

如果巧克力變硬了，可以多加一些液體，這樣糖就會溶解，巧克力顆粒便不會黏在一起。

要均勻混合巧克力和液體食材，把巧克力切得細碎，將液體加熱到50℃，然後把兩者混合在一起攪拌，直到巧克力完全融化，與液體充分混合。這個過程你可以用碗、攪拌器或食物處理機，注意液體溫度得達到38℃以上，以維持可可脂的融熔狀態。若有必要，慢慢將液體加熱到43℃。

**巧克力混料的質地會隨著溫度與時間變化**。巧克力混料加熱時，可可顆粒會持續吸收水分而膨脹，讓混料變得黏稠。巧克力混料溫度下降到室溫以下時，可可脂會凝固而使得混料變得更硬。

要讓巧克力混料的質地變輕或變軟，可在巧克力混料中加入鮮奶油或奶油，或兩者並用。乳脂的質地較可可脂軟。

# TEMPERING CHOCOLATE
# 巧克力回火

回火是小心地讓巧克力融化再冷卻的過程，如此巧克力就會凝固成絲絨般光滑的固體，口感爽脆，同時能在口腔中融化，帶來多汁的口感以及清涼的感覺。如果巧克力未經回火，其固體表面便會出現斑紋，咬下時不會爽脆而會柔軟，口感油膩或是呈粉質。

巧克力若拿來造型或製成巧克力外衣便無需回火，尤其是做好趁鮮吃，不太需要注意口感之時。沒有回火過的巧克力一樣可口。如果你需要更進一步提升巧克力的外觀與口感，而且時間也足夠，才需要回火。

有效的回火方式，是將巧克力加熱融化，使其中脂肪變成液體，然後稍微冷卻，讓部分可可脂形成特殊的結晶。這些結晶會在巧克力溫度降到室溫並變硬的過程中，讓剩下的可可脂形成適當的結晶，因而變硬。

回火的方法是，在融化的巧克力中，加入已回火過巧克力的種晶，或是讓巧克力在融化的過程中自行產生新的結晶。

**有數種有效回火巧克力的方式**，其中又有數不清的細微變化。有些需要精確測量溫度，有些用手測量就可以了。

要簡單又精確地測量溫度，使用多點自動非接觸式溫度計。要先確認溫度計是否精確，因為只要差一兩度，結果就會大不相同。

如果你沒有溫度計，可以用牙籤沾一點巧克力放到雙唇之間。黑巧克力回火結束的溫度若是正確，應該是不冷也不溫。

**黑巧克力、牛奶巧克力、白巧克力在回火時需要的溫度並不相同。**牛奶巧克力和白巧克力的溫度要比黑巧克力低 2℃。

如果在爐子上加熱，要快速地調整溫度，使用薄的金屬碗，如此以隔水加熱傳到巧克力的速度會比較快。用軟的刮杓，才能俐落地將附著在碗緣的巧克力刮下。

把巧克力用切削成小片，這樣加熱的速度快，也比較容易攪拌。

融化巧克力的碗要用小火加熱，或是讓碗部分浸泡在60~70℃的熱水中隔水加熱，也可以放置於 65℃的烤箱中。如果要使用微波爐，就要使用非金屬製的碗，每加熱 30 秒要停下來攪拌一下。

# FOUR METHODS FOR TEMPERING CHOCOLATE
# 巧克力回火的四種方法：

要得到大量的液態回火巧克力，方法有四種。如果全部（或至少部分）的巧克力都是新買的，而且口感爽脆（表示回火過），那麼要回火是最容易的。巧克力回火機可以自動完成回火過程，方法十分簡便，但是機器不便宜。

光亮爽脆的新鮮黑巧克力要轉變成液態回火巧克力，融化時得非常小心，先加熱到 31℃（在唇上感覺不冷也不溫），而且溫度絕對不可以更高，此時巧克力便已回火。如果你不小心超過這個溫度，就繼續使用其他方法。

用一塊已經回火的巧克力來回火其他大量巧克力，先把後者完全加熱到 50℃（在唇上會覺得熱），然後慢慢降溫到 34℃（在唇上感覺稍溫），再把回火好的巧克力碎塊放入大碗緩緩攪拌降溫，好讓晶種釋放出來。當整碗巧克力的溫度下降到 32℃，把所有未溶解的固體巧克力都取出。此時巧克力便已回火。

從頭開始回火黑巧克力，先將巧克力融化到 45~50℃（在唇上覺得熱），然後慢慢降溫到 41℃（依然有點熱），接著攪拌降溫到讓巧克力變得非常濃稠，此時已出現晶種。再小心地加熱到 31~32℃（不溫也

不涼）。此時巧克力便已回火。

　　如果要快速從頭開始回火巧克力，先將巧克力融化到 45~50℃（在唇上會覺得熱），把 2/3 倒在乾淨且乾燥的石板、流理檯或是烤盤上，用刮杓刮動，直到晶種產生而變得濃稠為止，再把這些巧克力倒回剩下的融熔巧克力中。如果溫度沒有降至 33℃ 以下，再以少量的巧克力重複這個動作。若有必要，加溫回到 31~32℃，如此巧克力便已回火。

　　要測試巧克力的回火狀態，可以用刀尖或是一片鋁箔沾一點巧克力，然後放至一旁。回火完成的巧克力5分鐘就會凝固，而且產生均勻的霧面。沒有回火完成的巧克力會有10分鐘以上處於黏膩的狀態，並且會產生斑紋。

# Using Tempered Chocolate
# 使用回火好的巧克力

　　要使用回火好的巧克力，也得讓巧克力保持在回火狀態：結晶的可可脂與液態的可可脂要維持正確比例。

　　要讓回火好的巧克力保持適合料理的流動性，先把巧克力裝在碗裡，放在 32~34℃ 的溫水浴中，或是事先測量好溫度的電熱盤上。

　　**如果回火好的巧克力變得太黏**，是因為已經形成了太多結晶，這樣要均勻散開、製成巧克力外衣，就變得十分不易。可以把巧克力以隔水加熱重新加熱，或是放到微波爐中加熱幾秒鐘，直到巧克力變得容易流動，但是注意不可超過 32℃。

　　注意不要攪動或刮動碗凝固在大碗邊緣的巧克力，這會使得回火好的巧克力溫度下降得較快，進而加快結晶和變稠的速度。要把大碗重新加熱，待碗緣的巧克力再次融化時再刮下。

其他的食材要事先加溫。不論是**糖果、餅乾、堅果或水果**，要裹上巧克力的食物表面都得維持乾燥並保持在 20~27℃的室溫。冷的食材會使得巧克力太早凝固，讓巧克力變得軟而不爽脆。

剛做好的巧克力或是巧克力外衣要放置 24 小時，這樣的巧克力表面不容易有刮痕，也最為爽脆。如果要讓巧克力的邊緣漂亮，就要在巧克力凝固之後立即修整，而不是變脆了之後才處理。

# CHOCOLATE SPREADING, COATING, AND CLUSTERING
# 巧克力片、巧克力外衣與巧克力塊

製作巧克力最簡單的方式，就是把巧克力塗抹在堅硬的表面，等它凝固成一片或是一口大小，也可以用來包裹新鮮或乾燥的水果、餅乾或是其他食物。另一種方法是把巧克力和烤過的堅果混在一起，組成巧克力塊。

**回火巧克力的表面十分誘人且適應性強**，如果只是稍微觸碰到，不會磨損或融化。回火好的巧克力在空氣中變硬之後，表面質地均勻並呈現霧面。若在變硬的過程中接觸到其他物質，便會受到這些物質特性的影響：倘若接觸到的是蠟紙或烘焙紙，就會產生霧面；倘若接觸到的是保鮮膜、鋁箔或是光滑的石板，就會變得光亮；倘若接觸到的是葉子，就會產生脈紋。

沒有回火的巧克力會比較軟，品質不均勻也不穩定，很快就會出現條紋或是斑點。

如果臨時要快速製作巧克力片、巧克力外衣或是巧克力塊，可以直接融化巧克力而不要回火，然後用湯匙舀出來或直接攤成一片。也可以

直接把食物放進去沾或是攪拌，然後讓巧克力凝固。

這樣的巧克力外觀和質地都不是最好的，但吃起來依然不錯。

若要加快這種巧克力的變硬速度，可以放到冰箱冷藏或冷凍，但是要放在密封的容器中。一旦取出食用，這種巧克力就會開始變軟，而且在濕度高的空氣中會有水氣凝結在表面而變得潮濕。

比起在室溫下凝固的巧克力，冷藏凝固的巧克力在室溫下的質地會比較軟。

若要讓巧克力片、巧克力外衣和巧克力的表面均勻有霧面且口感爽脆，那麼一開始就要回火。之後還要花幾個小時讓巧克力在室溫下凝固，才能產生爽脆的口感。

不要放在冰箱中凝固，這會使巧克力無法變得爽脆。

水果要裹上回火巧克力之前，得加溫並擦乾，如此巧克力才會牢牢附著且凝固得好。水果在擦乾之前，要先清洗並且回溫至室溫；冷的物體表面會有水氣凝結。


# GANACHE
# 甘納許


甘納許是巧克力和鮮奶油所混合而成的柔軟固體，通常會加入香料或是烈酒來調味。甘納許可用來作為松露巧克力的內餡，也可以作為蛋糕的內餡或是外衣。甘納許做好之後，可能需要打發才會變得蓬鬆，或是加入奶油才會變得比較軟，並讓其中的可可脂慢慢凝固。現在有些巧克力製造者做出了「水甘納許」，使用有風味的液體取代鮮奶油，以減少脂肪含量。

甘納許的製作方式，是將融化的巧克力和加熱過的鮮奶油及其他液

體食材充分混合之後，讓混料凝固製作而成。

**製作甘納許的基本方式有三種：**把固態巧克力直接混合預熱的鮮奶油；把固態巧克力混入冷的鮮奶油之後一起加熱；以及把融化的回火巧克力混合溫的鮮奶油。

**甘納許的質地，取決於巧克力與鮮奶油的種類、兩者的比例，**以及混合與冷卻的過程。甘納許是糖漿、可可顆粒與可可脂油滴混合成的結實固體。可可顆粒和可可脂越多，甘納許就越結實。如果巧克力維持回火的狀態，而且在室溫下慢慢冷卻，那麼甘納許就會產生光滑細緻的顆粒。如果巧克力離開了回火狀態，或是凝固得太快，在溫度升高時就會變軟，並且會出現顆粒感。

比起標準的苦甜巧克力或半甜巧克力，可可比例高的黑巧克力製作出來的甘納許風味更濃郁，同時也更為結實。高脂鮮奶油中，38% 都是奶油脂肪，做出來的甘納許也會比使用脂含量約 30% 的發泡鮮奶油甘納許更為豐腴結實。

再三確認食譜中指定的巧克力和鮮奶油種類，可可顆粒的比例若遠大於水，便會吸很多水，使得甘納許混料凝固成油膩黏稠的巧克力糊。牛奶巧克力和白巧克力的可可脂含量比黑巧克力少，做出的甘納許巧克力會比較柔軟。

若要製作柔軟如乳脂般的甘納許，以作為慕斯、酥皮餡料或是鮮奶油布丁（pot de crème）的食材，鮮奶油的分量要比巧克力更多，通常是巧克力的兩倍。

若要製作一般硬度的甘納許，要維持一定的形狀以作為蛋糕糖衣或松露巧克力的內餡，那麼鮮奶油和巧克力的分量就要相當。

如果要製作更結實更濃郁的甘納許，就以一份鮮奶油配上兩份黑巧克力，或是配上 2.5 份的牛奶巧克力或白巧克力。

巧克力要切得細碎，這樣才融化得快，攪拌得均勻。

鮮奶油要加熱到將近沸騰，以加熱過的鮮奶油做出的甘納許保存期限較長，依照食譜不同，可以保存數日甚是數星期。若要加入乾食材（香料、茶、咖啡），就得加入熱的鮮奶油，然後蓋上蓋子，以免水分

蒸發與表面結成薄膜。食材浸置 5~10 分鐘之後，再過濾鮮奶油。

　　如果要省工，把熱的鮮奶油倒在切碎的巧克力上，等一分鐘，讓大部分的巧克力都融化之後再攪拌混合。如果有些巧克力還是維持固體狀態，就整個碗拿去隔水加熱。如果要有最佳質地，就要讓鮮奶油稍微降溫之後，再加入回火好的巧克力，混料的溫度不可以超過 34℃，以保持巧克力回火狀態。甘納許成形之後，再加入柔軟的奶油、香料萃取物或是烈酒等其他食材。

　　另一種製作甘納許的方式，是慢慢地加熱融化巧克力，溫度不可以超過 32℃，然後把沸騰過的鮮奶油和其他液體食材降溫到 41℃，並趁著混料冷卻凝固之前，迅速攪拌混合兩者。甘納許成形之後，再加入柔軟的奶油、香料萃取物或是烈酒等其他食材。

　　如果要讓甘納許凝固成最佳質地，便得倒在板子或是烤盤上，蓋上保鮮膜，在室溫下放整晚，凝固成薄薄一片。

　　如果要在當天讓甘納許更快成形，可以倒出來讓它冷卻，在變得黏稠時拌幾下，然後靜置數分鐘；若有需要，重複這個步驟，直到甘納許巧克力質地變得結實（刮起時能夠形成尖挺的凸起），然後馬上裝到擠花袋中擠花或是做造型。

　　甘納許要加速凝固時，不能放冰箱，以免甘納許在恢復到室溫時會變得太軟，而且會出現顆粒。

　　如果甘納許太硬而無法造型，可以慢慢加溫軟化。

　　甘納許如果出現油水分離的現象，可以隔水加熱，並偶爾攪動，待溫度升到 32~33℃ 為止。之後用力攪動，也可以用預熱過的浸入式攪拌器來攪拌，或是放入預熱過的食物處理機中攪拌，直到脂肪完全溶入混料。如果這個方法沒有用，那麼再重複一次，這次加入少量的水或是烈酒，以增加讓脂肪分散的體積。

# CHOCOLATE TRUFFLES
## 松露巧克力

　　松露巧克力是球狀的甘納許外面包覆巧克力或是可可粉而製成。

　　**最好的松露巧克力**具有均勻爽脆的外衣和入口即化的柔軟內餡。這需要以回火過的巧克力來製作甘納許和巧克力外衣，並且要放置一天以上熟成。

　　**松露巧克力**做好之後，外衣的爽脆度和內餡的柔軟度都會變化，但是依然美味，因此可以多做一些吃好幾天，以節省勞力和時間。

　　在製作巧克力造型與外衣之前的一個小時，就要把甘納許內餡做好，才有足夠的時間讓甘納許的質地在室溫下變得結實。倘若甘納許早已做好並冷藏存放，那麼在製作巧克力造型與外衣之前，得先從冰箱取出來恢復到室溫。

　　不要為了加速松露巧克力的製作過程，而把剛做好的甘納許放入冰箱變硬以方便包覆外衣，這會導致巧克力外衣碎裂。因為冷的甘納許在回溫時會膨脹，而融化的巧克力外衣在遇冷時會收縮。

　　捏製甘納許球時，雙手洗淨之後要過一下冰水，以免溫熱的手讓巧克力融化。製作甘納許的動作越精簡越好。如果松露巧克力要有蓬鬆的內部，可以用水果挖球器刮出連續的巧克力薄層，然後再滾成球狀。

　　包裹球狀甘納許的巧克力外衣，要用回火好的巧克力，或是把巧克力放在碗中或鍋中加熱融化到 35℃，再用巧克力叉等專用器具，將甘納許球沾覆融熔巧克力，然後盡量甩去過多的巧克力，再放到架子或是乾淨的檯面，讓巧克力凝固。

　　如果要包覆上超薄的巧克力外衣，可以在手心放置少量的融熔巧克力，然後用另一隻手的指尖在巧克力中滾動甘納許球，再靜置讓巧克力外衣靜置凝固。若有必要可再重複，好讓外衣的厚薄均勻。

　　如果要達到最佳口感，**讓松露巧克力在室溫下熟成數個小時。立即

冷藏會使得可可脂結晶得不夠完整，導致巧克力軟而油膩，同時會隨著時間出現顆粒感。

# MOLDED CHOCOLATES
# 巧克力塑模

　　回火好的巧克力倒在光滑表面或是模型中時，會形成光亮而堅硬的表面，即使稍微觸碰到，也不會磨損或融化。如果巧克力沒有回火過，那麼表面就會不均勻、油膩，且出現斑紋。

　　要保持回火巧克力的溫度和流動性，如此才能均勻覆蓋在模型表面。

　　回火巧克力在倒入模型時，仍要保持回火狀態，因此模型要保持些微溫熱，大約 25~30℃，而內餡的溫度要在 20~27℃ 之間。

　　要製作塑模巧克力的鮮奶油內餡可以使用翻糖。也可以使用未煮過的糖團（由翻糖、玉米糖漿和香料製成）。如果食譜中有用到轉化酶（invertase，或稱蔗糖酶，這種酵素會慢慢地讓翻糖液化），就能做出濕潤的內餡，而且能在室溫下放置數個星期。

　　剛做好的塑模巧克力要放在室溫下至少 15 分鐘，這樣晶種就會引導凝固的過程，此時巧克力會稍微收縮並且脫模。太早拿去冷藏會使得凝固的狀況不好，然後影響收縮與脫模。

　　巧克力靜置之後，或是等到巧克力稍微收縮而容易從模型中取出之後，便移至 4℃下冷藏 10~15 分鐘。實心巧克力所需要的收縮時間，會比有內餡的巧克力還長。

　　剛做好的巧克力要在室溫下放置 24 小時凝固，讓表面變得較堅硬、耐磨損，同時也更爽脆。如果要邊緣漂亮，就要在巧克力凝固之後

立即修整，而不是變脆了之後才處理。

塑膠模型不可用肥皂清洗。肥皂容易殘留，會污染下一批巧克力。

# CHOCOLATE DECORATIONS AND MODELING CHOCOLATE
# 巧克力裝飾與塑形

巧克力是用途廣泛的裝飾材料，加溫之後就變得可塑性十足，幾乎可以製成任何形狀。

大部分的裝飾要用回火過的巧克力來製作，這樣成品才會凝固得快，而且有均勻的表面，以及堅硬持久的團塊。

**塑形巧克力**是質地如黏土的混料，由巧克力和玉米糖漿混合而成，專門用來製作裝飾造型。

塑形巧克力的製作方式是把巧克力融化，然後和玉米糖漿混合（重量為巧克力的 1/3~1/2），再持續揉捏混料到均勻而柔軟。如果變得太硬而無法造型，就多加一些玉米糖漿。塑形巧克力做好後會變乾變硬。

# CHOCOLATE DRINKS, SAUCES, PUDDINGS, AND MOUSSES
# 巧克力飲料、醬汁、布丁與慕斯

**熱可可和熱巧克力**是與水、牛奶或鮮奶油（或以上兼用）混合製成。巧克力含有高脂，因此做出的飲料會比用可可粉做的更濃郁。而可可製成的飲料則具有更顯著的巧克力香氣和苦味。

要得到風味最純粹的巧克力飲品，把液體加熱到要喝的溫度即可。溫度再高，就會跑出牛奶的烹煮味。將可可粉和糖加入未加熱的液體，然後慢慢攪動、加熱，直到飲料變得濃稠。也可以刮擦巧克力，然後加入溫的液體中，再把巧克力攪拌到融化。

**巧克力醬汁和巧克力鍋**和熱巧克力很相似，在中等溫度的時候風味最佳。

**巧克力醬**是由可可粉、巧克力、糖和鮮奶油混合製成的濃稠醬料。

如果希望巧克力醬淋上冰淇淋之後，會具有巧克力糖般的嚼勁，就要採用會先把糖煮成濃縮糖漿的食譜。

**巧克力布丁**也是由巧克力和牛奶或鮮奶油混合製成，並以玉米澱粉增稠，形成濕潤的固體。如果要有最佳的風味與質地，就把冷牛奶慢慢拌入玉米澱粉，然後加熱直到混料變得濃稠、澱粉味消失為止，最後才把巧克力拌入。

如果要讓巧克力布丁的味道更強烈，可加入可可顆粒來增稠。不要使用玉米澱粉，而是以更多的巧克力或可可粉來取代，並把混料加熱到適當的稠度。混料冷卻之後，會變得更加濃稠然後凝固。

**巧克力慕斯**是具有巧克力風味的發泡蛋白或發泡鮮奶油（或兩者混合），有時也會加入明膠。蛋白或鮮奶油加入糖，打發成泡沫，然後拌入融熔巧克力和蛋黃的液態混料中。混合時需要小心切拌，以減少泡沫流失。

切拌時，要輕柔而緩慢地把底下的巧克力挖起，拖著放入泡沫，如此重複直到混合均勻。

　　剛做好的慕斯要在室溫下放置一個小時，然後再冷藏數個小時。這個過程可以幫助可可脂在泡沫中凝結，入口融化時才能帶來俐落而清新的口感。

Sugars are brilliant building materials

# CHAPTER 23
# SUGARS, SYRUPS, AND CANDIES

## 糖、糖漿與糖果

糖果是神奇的鍊金術，只需加熱，便可將糖由單一分子的組成轉變成數百種富含香氣、甜味和酸味的分子。

糖是美妙燦爛的的食材，能提供食物結構，而糖果則是微工程技術創造出來的奇蹟。糖果若作為食物，或許只是讓人耽溺的小東西，不過糖的功用可不只是拿來解饞而已。

市售的糖果有些做得很美味，不但伴隨了許多人成長，更成了他們年幼時的深刻記憶。我大學畢業之後首次造訪了法國，那時我在不列塔尼吃到了鹽味焦糖，這是我首度吃到有鹹味的糖果。

我不是個嗜甜如命的人，但有時我也很愛做糖果。沒有其他的烹調能像做糖果這樣，可以從如此基礎的食材（食糖和水），創造出如此不同的質地。糖果可以如糖漿般濃稠，如奶油般滑順，或是具有嚼感，或是爽脆，或是堅硬。我最愛以這個例子，來說明廚藝有如鍊金術：純粹的食糖，是由單一分子組成的無色無香、只有甜味的食物；此時只要加熱，就能製作出咖啡色的焦糖，成為由數百種新的分子所組成，含有豐富香氣，同時具有甜味、酸味和苦味的食物。

糖果食譜所指示的製作過程和特性也十分罕見。依照食譜指示，得在很窄的溫度範圍內才能得到特定的質地。光是監測滾燙黏稠的糖漿溫度，可能就有點令人卻步。不過有些糖果卻能夠隨性而快速地完成，不但可用微波爐加熱糖漿，並且只要依據顏色變化來判斷溫度即可。雖然成果可能不如你在商店買的糖果那麼品質均一，但是依然美味，也依然是神奇鍊金術的成果。

# SUGAR AND CANDY SAFETY
# 糖與糖果的安全

　　固態的糖和糖果幾乎不會引發微生物造成的危險。製作過程中使用高溫，含水量則少到微生物無法生長。液態糖漿的表面則有可能長黴。

　　糖漿若出現肉眼可見的發霉現象就要丟棄，或是把黴撇去後再煮沸。使用之前再把表面撇去一次。

　　各種形式的蜂蜜都不可以給一歲以下的嬰兒食用。蜂蜜可能含有肉毒桿菌孢子，嬰兒很容易感染。

　　**製作糖果的過程可能會有危險。**糖漿的溫度比沸水高出許多，而且很容易噴濺出來，黏在皮膚上會立刻造成嚴重燙傷。

　　製作糖果時要特別小心。在移動糖漿時要做好萬全準備，留意整個移動過程。兒童製作糖果時要密切監督。

　　如果你被糖漿燙傷，馬上把傷口放到冷水下沖洗數分鐘，然後送醫急救。

# CHOOSING AND STORING
# SUGARS, SYRUPS, AND CANDIES
# 挑選與保存糖、糖漿與糖果

　　**糖與糖漿的種類與變化多得不可勝數**，如果依照食譜製糖，就要購買食譜指定的種類。你也可以試試看不同的食材，以了解新的風味。

　　糖要在室溫下存放數個月，需密封保存以免吸收空氣中的濕氣而變得黏膩。

煮過的糖漿和楓糖漿可以冷藏數個月，放在室溫下可能會長黴。玉米糖漿等人工製造的糖漿通常不需要冷藏，以標籤的說法為主。

糖果可以在室溫下存放數星期，氣候潮濕或乾燥的時候都要密封。

糖果可以保存數個月，密封後冷藏或冷凍。如果糖果結凍了，先放在冷藏室中 24 小時解凍，再放到室溫下回溫，之後才可以打開包裝。冰冷的糖果會有水珠凝結，使糖果變得黏稠，表面也會長斑。

# SPECIAL TOOLS FOR MAKING CANDIES
# 製作糖果的特殊器具

有幾種特製工具，可讓你製作糖果時更輕鬆、安全、可靠。

**準確的溫度計**才能把糖漿煮成特定濃度。廉價的即時顯示溫度計不夠準確，測量的範圍也不夠大。數位溫度計則較佳。特製的糖果溫度計能夠測量到 200℃，有些則可掛在鍋子邊緣，持續監測溫度。不過一般而言，只要能靠在鍋子內側邊緣就能使用了。

不要使用非接觸式溫度計，這種溫度計讀取的是水蒸氣溫度，而非糖漿溫度，並不可靠。

**以廚房用秤**測量食材分量，這會比用杯子和湯匙準確得多。

選擇木頭或是矽膠製的湯匙，這樣攪動糖漿的時候比較不容易導熱。這對糖漿來說比較好，因為能使烹煮更有效率，不會使得某些地方的糖漿冷卻而結晶；對廚師而言也較好，因為不會燙手。

長把手的器具可讓你的手遠離高溫。

**酥皮用刷子**可以把平底深鍋邊緣的結晶糖粒，刷入沸煮中的糖漿。

大理石板、花岡岩板或廚房工作台，能夠讓熱糖漿或是融化的巧克力快速冷卻，即使劇烈刮動也不會受損。也可以用上了油的烤盤或是矽膠襯墊來代替。

**刮杓**是以扁的金屬或是塑膠製成。糖漿在工作檯面或是石板上冷卻的時候，可以用刮杓來處理。

**糖果模子**能夠讓融化的糖漿凝固後，形成各種漂亮形狀。

# CANDY INGREDIENTS: SUGARS
# 糖果的食材：糖

糖果以兩類食材製成：糖，以及能夠產生風味、質地和顏色的其他食材。

**廚房中用的糖有三種不同的化合物**：蔗糖、葡萄糖和果糖。

**蔗糖**很容易形成結晶，能夠成為糖果中的固態物質。

**葡萄糖和果糖**比較滑順，和蔗糖混合時，能避免蔗糖形成大塊粗糙的結晶，而產生滑順且光亮的糖果。

**廚房中的糖有兩種基本種類**。標準的白砂糖是純的蔗糖，而黃砂糖主要也是由蔗糖所組成。糖漿和專業用糖的主要食材，則是葡萄糖和果糖。

**白砂糖**是製作糖果用的基本糖類，是從甘蔗和甜菜中萃取而來的。甜菜糖偶爾會有怪味，或是含有能夠產生泡沫的微量物質。

**粉糖**是白砂糖磨細之後與一些玉米澱粉混合而成。這種糖通常不會用來製造糖果，而是用來撒在糖果上。

**翻糖**是沒有玉米澱粉的細磨白砂糖，顆粒小到幾乎無法察覺，所以可以和少量的水混合在一起，不需要烹煮就可以製成乳脂軟糖。

**黃砂糖**比較不純，但是比白砂糖更具風味，其中的蔗糖晶體包裹了一層薄薄的糖漿，那是由葡萄糖、果糖、其他賦予風味的焦糖或是糖蜜，加上棕色色素構成的。黃砂糖的顏色與風味變化多端，從清淡、深沉到濃烈都有。

　　**玉米糖漿**中 20% 是水，15% 是葡萄糖，10% 是其他糖類，剩下的是沒有味道的增稠分子。玉米糖漿能夠限制蔗糖結晶，並使得糖果的質地滑順。玉米糖漿沒有糖或蜂蜜那麼甜，通常會添加香莢蘭的風味。

　　**高果糖玉米糖漿**主要是葡萄糖和果糖的混合物，水分和其他長鏈的增稠分子只占 20%，吃起來要比一般的玉米糖漿甜得多。

　　**葡萄糖漿**是專業版的玉米糖漿，從不含香味到各種甜度的都有。有些則非常黏稠，幾乎沒有其他味道。

　　**蜂蜜**是由蜜蜂採集花蜜所製成糖漿，是含有果糖和葡萄糖的混合物。蜂蜜也如玉米糖漿一般，能限制蔗糖結晶的產生。不過蜂蜜具有獨特的風味，因此在製造糖果時會受到限制。

　　**轉化糖**是葡萄糖和果糖的混合物，質地滑順，在專賣店中有販售。

　　你可以自製轉化糖：食糖加一點點水和酸（檸檬汁或塔塔粉皆可），然後慢慢煮滾 30 分鐘。這會使得蔗糖轉換成葡萄糖和果糖。

　　**糖蜜**是製造蔗糖時的副產物，有如糖漿，具有強烈的風味，並富含使質地滑順的葡萄糖和果糖。

## OTHER CANDY INGREDIENTS
# 糖果的其他食材

　　**轉化酶**能夠慢慢地將蔗糖轉換成葡萄糖和果糖。製作翻糖和甘納許需要滑潤的液體內餡時，就會用到轉化酶。這種轉換同時也會減緩糖果

腐敗和黴菌生長的速度。

　　翻糖和甘納許如果要用到轉化酶，要等到最後製作階段，待糖果稍涼時才放入。超過 70℃ 的高溫便會摧毀轉化酶的活性。

　　**香料或色素通常都是非常濃縮的物質**，因此烹煮時幾乎不會再喪失水分。

　　**牛奶、鮮奶油、奶油和蛋白**能為多種糖果（尤其是焦糖）產生結構，並提供脂肪、風味等。這些食材含有水分，而且容易燒焦或凝結，因此需要長時間慢慢烹煮。如果使用煉乳和蛋白粉，通常能夠縮短烹煮時間，並且避免凝結。

　　**果膠**是用來製作果凍般質地的糖果，要使用濃縮粉末狀的，不要使用液態的。果膠是水果細胞的組成成分，能夠藉由糖和酸使糖果煮液變成濃稠。

　　**明膠**可以讓濃縮的糖漿變成有黏性的糖果，也讓棉花軟糖的質地變得有嚼感。明膠是一種乾燥的動物性蛋白質，通常用來製作果凍甜點。

　　熱糖漿要涼了之後才和明膠混合在一起，否則熱會使得明膠分解。

　　**澱粉**會用在製作「土耳其軟糖」等類似的軟糖。另外在用模型製作糖果時，也會撒在模型內側。澱粉是一種從玉米或其他植物萃取出的細緻碳水化合物粉末。

# THE ESSENTIALS OF MAKING CANDIES
# 糖果製作要點

　　糖果是混合了糖、水和少量其他食材製作而成的。糖果的種類主要由質地決定，可能硬而脆，也可能濃郁滑順。有兩種因素會決定糖果的

質地：水和糖的比例，以及糖晶的大小。

**糖果中水和糖的比例**，可以由把糖漿沸煮到特定溫度來控制。

**糖漿的沸點越高，之後形成的糖果就越硬**。糖漿在煮沸的過程中，水分會蒸發，而糖的濃度會增加。當糖的濃度增加，糖漿沸點也會隨之升高。

**不同糖果會有不同的標準沸點**，其訂定標準為各種糖漿滴入冷水後的稠度，或是冷卻後咬下時所發出的聲音。

## 糖果糖漿的溫度

| 糖漿階段 | 糖漿溫度<br>（在海平面的攝氏溫度） | 糖果種類 |
|---|---|---|
| 線狀 | 102~113℃ | 蜜餞、果凍 |
| 軟球 | 113~116℃ | 軟的翻糖、乳脂軟糖、焦糖 |
| 實球 | 118~121℃ | 硬的焦糖、棉花軟糖 |
| 硬球 | 121~130℃ | 軟的鬆軟型太妃糖、水果軟糖 |
| 軟脆 | 132~143℃ | 硬的鬆軟型太妃糖、結實的牛軋糖 |
| 硬脆 | 149~160℃ | 酥糖、奶油硬糖、乳脂型太妃糖 |
| 焦糖 | 170℃以上 | 焦糖網籠、紡絲糖 |

**糖加熱到150℃以上，會分解形成焦糖**，這是具有香味的褐色混合物。溫度越高，焦糖顏色會越深，這時候香味會更濃郁，但是也會帶有苦味。

**糖漿形成結晶的方式**，取決於糖漿冷卻的過程。當糖漿的溫度下降，溶解在其中的糖分子之間就會重新連接成固體結構。

**如果你把糖漿放在鍋子裡靜靜放涼，或是放到工作台上揉捏**，那麼就會形成大顆的糖晶，質地粗糙。

**如果糖漿在冷卻時快速攪動，或是在正確的階段揉捏**，那麼其中的糖就會形成細小的結晶，質地細緻。

　　**其他食材有的會限制糖晶的形成過程**，有的則有助於製造沒有結晶的硬糖，或是結晶細小的乳脂狀糖果。玉米糖漿、蜂蜜、轉化糖都含有葡萄糖和果糖，會干擾食糖的結晶過程。糖漿中的酸性物質則會把食糖分解成葡萄糖和果糖，能讓糖果產生滑順的質地。

# WORKING WITH SUGAR SYRUPS
# 以糖漿製作糖果

　　幾乎所有的糖果都是把糖漿煮到特定的高溫之後，再於降溫成固體的過程中，加工處理而成。

　　糖果的製作通常都是在爐火上完成，這樣廚師可以觀察糖漿的狀況、測量溫度並持續調整溫度，以達到最佳成果。理論上，用微波爐應該也可以製作出好糖果，而且用微波爐就較不需要手動控制，不但能快速而均勻地加熱糖漿，也無需擔心鍋底燒焦。

　　用微波爐製作糖漿時，使用輕的金屬大碗。這不但比一般微波爐使用的安全玻璃碗還輕，加熱後溫度也不會那麼高。

　　微波爐的功率不一，因此要經常檢查糖漿的溫度，以免煮過頭。

　　煮糖漿的時候要非常小心。糖漿的溫度比沸水高出許多，而且很容易煮過頭並且噴濺，一旦沾黏在皮膚上會造成嚴重灼傷。

　　爐子、流理檯和工作檯面都要清理乾淨，處理熱糖漿時才不會礙手礙腳。傾倒糖漿時，鍋緣要靠近容器或檯面，以免噴濺。製作鬆軟型太妃糖、酥糖或是拉糖的時候，要戴上橡皮手套或乳膠手套。

煮糖漿的容器要夠深夠大，比所有食材的全部體積多出好幾倍，這樣糖漿沸騰時才不會溢出。容器還要夠寬，這樣水分蒸發得才快。

測量溫度，使用固定式或手持式溫度計時，要確定溫度計的尖端沒有靠近受熱的鍋底或是邊緣，以免測量到的溫度過高。可以把鍋子稍微離開火源，好測得穩定的溫度讀數。

如果你位於高海拔地區，就需要校正糖漿沸騰的溫度。每增加 300 公尺就要降低食譜指定溫度約 1℃。

**糖果的製作也會受到天氣影響**。糖果會迅速吸收空氣中的水分，因此如果廚房潮濕，製作糖果就有困難。此時硬的糖果會變得黏膩，蓬鬆的糖果會變軟。

如果濕度很高，煮糖漿時要比食譜指定的溫度高出 1~2℃。

酥皮刷沾濕後，將鍋子邊緣的糖晶掃回糖漿中重新融化，這是**糖漿沸騰時噴濺到鍋緣的**。如果糖漿完成時，這些結晶依然存在，製成的糖果就會有顆粒感。

如果糖漿中加入了乳製品，在中溫以上的時候**就要持續攪動**，以免鍋底燒焦。

不要用高溫來縮短烹煮時間，或是暫時離開鍋子去做其他事情。**糖漿有可能於此時沸騰、燒焦。煮糖漿通常會花半小時以上。**

當糖漿的溫度即將抵達預定溫度時，把火關小。**糖漿的溫度在烹煮即將結束時，上升得非常快，而且很容易就會噴出來。**

要迅速結束糖漿的烹煮，**就把鍋子直接從爐火上移走**，放到冷的石板或是工作台的磁磚上。

糖漿煮好之後才加入香料和色素，否則在糖漿烹煮時，這些食材的特性會改變或消失。

清洗鍋子時，要迅速倒入熱水，讓變硬的糖溶解再用力擦洗鍋子。

# SYRUPS AND SAUCES
# 糖漿與醬汁

　　**糖漿**能夠吸收與保留其他食材的香味，其中高濃度的糖能使糖漿擁有醬汁般的美妙濃稠感。

　　若要製作「單糖漿」，作為雞尾酒或是水果冰的食材，可以把砂糖和水一起加熱，直到糖完全溶解。把糖漿放在密封容器中可以冷藏好幾天，同時能夠避免發霉。

　　**單糖漿可以製成兩種不同濃度**。等體積的水和砂糖混合，製成含糖量 45% 的糖漿。水加上兩倍體積的糖，製成含糖量63%的糖漿。

　　**比例 2:1 的單糖漿和一般食糖一樣好用**，一匙糖漿等於一匙食糖。同體積糖漿和食糖中，含有相同重量的糖（一匙結晶砂糖中幾乎有一半是空氣）。

　　製作調味糖漿時，可以將水果、果皮、香草或香料浸入單糖漿。可以把調味食材分成小片或是壓碎其組織，放入糖漿中熬煮到充分入味，然後過濾，以此萃取出食材的大部分風味。

　　**焦糖糖漿與焦糖醬汁**具有糖本身的風味，這是糖在高溫下褐變所散發出的香氣。

　　在爐子上製作焦糖糖漿的方式：

　　·準備好一大碗水，以隨時能夠讓鍋子底部快速降溫。

　　·糖單獨加熱或是加入少量的水加熱，持續攪拌以免鍋底燒焦。當糖的顏色改變時，關小火並密切注意。糖顏色變深的速度非常快，會產生刺激的味道。

　　·當糖變成適當的顏色時，關火。若有必要，將鍋子放到原先備好碗冷水上，以立即停止加熱。

　　·將鍋子傾斜以避免熱的糖漿濺出，加水並攪拌均勻。

　　用微波爐煮焦糖糖漿的方式：

・在高功率下用輕的金屬大碗加熱糖。

・每隔一段時間就暫停加熱，檢查糖的顏色並且加以攪拌。

・煮好時就停止加熱，拿出糖漿，放到裝有冷水的大碗上冷卻。如果微波時使用的是耐熱玻璃碗，就不要放到冷水上，否則碗會破裂。

・讓碗傾斜以免糖漿濺出，慢慢加水並攪拌均勻。

製作焦糖醬汁，可以用爐火或是微波爐煮出的焦糖，但是最後不要加水，而是以鮮奶油來稀釋。

製作奶油硬糖醬汁時，用爐火或是微波爐將糖加熱到開始變色，然後加入奶油，繼續烹煮到輕微褐變並散發出香氣。最後和焦糖醬汁一樣用鮮奶油來稀釋。

# HARD CANDIES: BRITTLES, LOLLIPOPS, TOFFEES, TAFFIES, AND SUGAR WORK
## 硬質糖果：酥糖、棒棒糖、乳脂型太妃糖、鬆軟型太妃糖、糖雕

硬質糖果是實心的糖，幾乎沒有糖的顆粒。這種糖是糖漿在高溫下沸騰，幾乎將所有水分蒸發殆盡之後製成，通常含有許多阻止糖顆粒形成的玉米糖漿。如果在潮濕的環境中製作，會變得十分黏膩。

持續攪動糖漿，以確定溫度計讀到真實的溫度。當溫度接近150℃時，關小火以免煮焦。

**酥糖**是脆而薄的硬質糖果，通常加入了堅果碎片。在糖漿中加入小蘇打會產生氣泡，讓糖果更脆，同時也加深了顏色和風味。

生的堅果可以放入酥糖糖漿中一起加熱，或是在糖漿溫度升到150℃時放入熟的堅果。

酥糖糖漿快要煮好時，再加入小蘇打與奶油，然後快速攪拌，這樣

產生的氣泡才不會讓糖漿溢出鍋子。

　　如果要讓酥糖沒有那麼硬卻更酥脆，尤其是沒有加入小蘇打的酥糖，那麼就要做薄一點。把糖漿倒出來放涼，等到變得柔軟時，就迅速而均勻地拉成大的薄片。

　　**棒棒糖**是插有紙棒或木棒的硬質糖果。

　　製作棒棒糖時，要將糖和玉米糖漿加熱到150℃，再加入濃縮香料和食用色素，接著倒入模子，將棒子插入。

　　如果沒有模子，可先讓糖漿冷卻到115℃，待出現稠度之後，用湯匙舀一匙放到平放於檯面的棒子頂端。檯面要先抹油。

　　**冰糖**是大塊的糖晶，需要好幾天甚至數星期才能長成。冰糖中不含玉米糖漿或其他會阻礙糖結晶形成的食材。

　　製作冰糖時，將兩份糖和一份水混合，煮到120℃，然後加入食用色素，倒入鍋中，以線繩或是牙籤垂直浸入糖漿，好讓結晶附著生長。

　　蓋上蓋子，放到陰涼的角落，不要動到。

　　**乳脂型太妃糖和脆糖**是富含奶油的酥糖，奶油也有助於防止顆粒般質地的形成。

　　製造乳脂型太妃糖和脆糖時，把糖漿和奶油煮到150~155℃，然後迅速冷卻，不要攪拌。

　　**鬆軟型太妃糖**可硬可軟，是用力打入細小氣泡所製成的。

　　製作硬的鬆軟型太妃糖時，如果要做硬的，就把糖漿加熱到150℃；如果要做軟的，就加熱到115℃。然後冷卻到能夠用操作時，便開始揉捏、摺疊、拉長，直到糖漿變硬為止。

　　**糖雕**包括紡絲糖、糖網籠，以及拉糖製成的糖緞、糖索等諸多形狀的糖。這些糖都是以熱糖漿直接操作，此時糖漿不是呈液狀，就是如同麵團一般。揉捏與拉動糖漿是辛苦又炎熱的工作。

　　製作大型糖雕時，你需要加熱燈，還有橡膠或乳膠手套。加熱燈能夠讓糖維持在能夠操作的溫度；手套除了保護雙手之外，也能避免雙手在光亮的糖面留下痕跡。

製作糖雕的基底時，要把糖、玉米糖漿或轉化糖，一起加熱到157~166℃。如果形狀要用傾倒或是旋轉而出的，那麼就要在糖漿仍保持液態時製作；如果要拉動及上色，則需要降溫到50~55℃。

# SOFT CANDIES: FONDANT, FUDGE, PRALINES, AND CARAMELS
## 軟質糖果：翻糖、乳脂軟糖、果仁糖和焦糖

軟質糖果有乳脂般滑順，也有耐嚼或是酥脆的，其中含有許多細微的糖晶，以及聚集這些結晶的濃厚糖漿，通常是把糖漿加熱到 115℃ 左右製成。一般來說，玉米糖漿的含量約為 1/3，並且加入一些來自塔塔粉的酸，以限制糖晶生長。

**翻糖**是基本的乳脂軟糖，也能拿來製作鮮奶油內餡或是外衣。翻糖的食材只有糖，有時用到精油。依照水和糖的比例變化，翻糖可以酥脆，也可以濕潤。

製作翻糖時，把糖、水、玉米糖漿加熱到 112~116℃，然後在室溫下冷卻，不要攪拌。當溫度下降到 53℃ 時，把糖漿倒在大理石板或是工作檯面上，用刮杓攪動糖漿好讓結晶出現。當糖漿變得濃稠、不透明而易碎時，把糖漿捏聚成一塊，這時可以加入香料。

**翻糖製作好之後，在室溫下放置一兩天熟成**，如此會變得更軟、更容易使用。

翻糖可以在室溫下放置到需要用之時，最多可以放數個月。

要重新使用或是調味翻糖或乳脂軟糖時，只需要放在非金屬製的碗中，在微波爐中稍微加熱到柔軟即可。

如果要以不加熱的方式製作翻糖，可以把糖粉和玉米糖漿，用直立

攪拌機攪拌到均勻滑順即可。

**乳脂軟糖**是加了牛奶（或鮮奶油）以及奶油的翻糖，有時也會加入可可粉或巧克力。

**巧克力乳脂軟糖**由於其中含有巧克力的可可脂，因此比較結實且入口即化。倘若只加了可可粉而沒有可可脂，就不會有這些特性了。

製作乳脂軟糖時，慢慢把食材加熱到 113~116℃，避免燒焦或結塊。然後靜置混料冷卻到 43℃，再攪拌讓結晶形成，直到變得濃稠。之後倒入上了油的鍋中，靜置一個小時以上讓糖果凝結，然後切割分塊。

如果要快速製作類似乳脂軟糖的糖果，可以把糖粉、乳製品和巧克力食材加溫攪拌。

**果仁糖**是富含奶油的軟質糖果，質地有的如乳脂般滑順，有的則富有嚼感。

製作乳脂般果仁糖時，砂糖要比玉米糖漿多。把糖漿加熱到116℃，加入奶油，然後大力攪打，直到產生結晶而有稠度，並且看起來沒有那麼光亮。接著舀出來讓糖果凝固。

如果要製造有嚼感的果仁糖，那麼糖和玉米糖漿的分量就要一樣，然後加入奶油與鮮奶油，把糖漿加熱到 116℃，接著停止攪拌，將糖漿舀出來凝固。

**焦糖糖果**是柔軟、有嚼勁、具有焦糖風味的糖果。這種風味來自於其中的牛奶、鮮奶油，有時還有奶油。由於含有大量的玉米糖漿，因此通常沒有顆粒感。

**以傳統的方式製作焦糖糖果需要很長的時間。**先把全脂牛奶或是鮮奶油加糖煮沸到113~119℃，以產生獨特的濃郁風味，這個過程可能就要花一個小時。

要使用非常新鮮的牛奶和鮮奶油來製作焦糖糖果。稍微發酸的乳製品在長時間烹煮下有可能會結塊。

**現在的焦糖糖果食譜中，**通常以煉乳來取代全脂牛奶，這樣比較省時間。

製作焦糖糖果時，把焦糖混料以中火加熱到 113~119℃，並且要經常刮動鍋底以免燒焦。奶油要最後才加入，這樣成品嚼起來才會比較多汁。冷卻時不要攪動。

# FOAMED CANDIES: DIVINITY, NOUGAT, AND MARSHMALLOWS
## 發泡糖果：奶油蛋白軟糖、牛軋糖、棉花軟糖

發泡糖果蓬鬆而有嚼勁，通常是白色的，內部充滿細小的氣泡。這些氣泡是把蛋白或明膠加入糖漿後攪打產生的。

熱的糖漿加入攪拌機中的蛋白或是明膠時，要沿著攪拌機的內壁穩穩倒入。不要在攪動時倒入。

**奶油蛋白軟糖**是翻糖的鬆軟版本，其乳脂般的滑順口感，來自於少量外加翻糖所形成的小糖晶。如果要製作最滑順的奶油蛋白軟糖，選擇使用高比例玉米糖漿、蜂蜜或轉化糖的食譜。

製作奶油蛋白軟糖時，將糖漿加熱到 120℃，然後倒入尖端挺立的發泡蛋白中。加入少許已經完成的翻糖，持續攪拌直到混料變得濃稠。

**牛軋糖**是嚼勁十足的蛋泡沫糖果，通常也會加入堅果。牛軋糖有時也會加入蜂蜜，不過是煮好之後另外加入的，以免風味喪失並且改變主要糖漿的特性。

製作牛軋糖時，把糖漿加熱到 135℃，然後倒入尖端挺立的發泡蛋白之中，再持續攪拌至冷卻但依然能夠流動為止，最後才加入堅果。牛軋糖會黏手，因此攤開在兩層可食用的米紙之間凝固定形，會比較容易處理。

**棉花軟糖**是最輕盈最鬆軟的發泡糖果，通常使用明膠來製作。用蛋白做出來的棉花軟糖比較蓬鬆，但是缺乏嚼勁，而且容易乾掉和走味。

　　製作棉花軟糖時，如果使用明膠，把糖漿加熱到 116℃；如果使用蛋白，則加熱到 119℃，然後讓糖漿降溫到 100℃。接著倒入事先已經泡水融化的明膠中，或是尖端垂軟的發泡蛋白中，攪打 5~15 分鐘。記得要把沾在容器壁上的混料刮回去，其他香料和色素則在攪打結束前才加入。把整個混料攤開，放上數個小時凝固，然後分切，並在每一塊軟糖表面都撒上粉糖。

# JELLIES AND GUMS
# 果凍與軟糖

　　果凍和軟糖是濕潤、酸甜、色彩繽紛的糖果，以果膠、明膠或澱粉來賦予質地。

　　**果凍**（或法式水果軟糖）約一口大小，質地柔軟，具有真正的水果風味和顏色。

　　製作果凍時，要用到過濾過的果汁或是水果泥，加上糖和果膠，混合在一起加熱到 107℃。在烹煮過程最後，加入檸檬汁或其他的酸，好讓果膠凝固；過早加入酸會把果膠分解而使果凍無法凝固。混料倒入鋪有蠟紙的鍋子中，靜置一小時以上之後分切。

　　**水果軟糖**是有嚼勁的果凍，其中糖漿的濃度較高，使用含水較少的香料與色素，並以明膠取代果膠來增稠。

　　製作水果軟糖時，將糖和玉米糖漿的混料加熱到 120~135℃，然後靜置冷卻到 93℃，以免產生結晶。接著和泡水融化的明膠、香料和色素混合在一起，然後放到模子中靜置整夜凝固。

**澱粉軟糖**包括了比較硬的軟糖豆和比較軟的糖霜橡皮糖（土耳其軟糖）。製作方式是把糖漿、澱粉和葡萄糖加熱到113~130℃（依照所需稠度而定），加入香料，然後讓混料凝固，再製作出形狀。

　　土耳其軟糖是前工業時代的澱粉軟糖，製作方式是把糖和水一起煮，加入檸檬汁把一些蔗糖轉換成會限制結晶形成的糖類，然後加入玉米澱粉和塔塔粉，慢慢加熱到113℃。接著加入香料，在上油的鍋子中刮動混料，靜置過夜讓混料凝固。之後便可以分切，然後在每塊軟糖表面撒上糖粉和玉米澱粉。


# CANDIED FLOWERS AND FRUITS
## 糖漬花與糖漬水果


　　糖漬花和糖漬水果是把花和水果製成甜點，外層包覆著糖，或是直接以糖浸透。

　　**糖漬花朵和花瓣**能使花朵或花瓣本身保持原有的形狀和香氣，製作方式是把花瓣塗上薄薄的蛋白，然後撒上超細白糖，在室溫下靜置數天乾燥。如果擔心沙門氏菌，可以使用蛋白粉。

　　**糖漬水果**以完整水果或是水果片浸漬在糖中製成。糖漬可以避免腐壞，且能保持水果原本的形狀、顏色和部分香氣。水果片幾個小時就可以糖漬完成，完整水果則需要數天或是數週，讓糖的濃度逐漸完全滲透均勻。

　　糖漬水果片和柑橘皮時，把水果切薄好讓糖漿容易滲透。若有需要，柑橘皮可以沸水燙煮兩三次後瀝乾，好去除苦味。之後用糖漿以小火熬煮水果片或柑橘皮至透明。糖漿中要放一些玉米糖漿，以免在存放

時逐漸形成糖晶。

如果是大塊或完整的水果，要以較稀薄的糖漿來熬煮，慢慢煮透之後就浸著。可以每天、隔幾天或幾個星期，將水果取出後，把糖漿煮沸濃縮，然後再把水果放入浸泡。反覆這個步驟直到糖漿的濃度達到75%，如此一來，便能確保微生物就不會在糖漿和水果中生長。

不要嘗試加快糖漬的過程。不論在哪個階段，只要糖漿濃度過高，就會讓水果脫水，進而讓果皮的表面緊縮變硬，這樣反而使糖漬的速度變慢。

Coffee and tea are stimulating drinks made from seeds and leaves

# CHAPTER 24

## COFFEE AND TEA

## 咖啡與茶

人類以高溫烘焙或揉捻，喚起休眠中
的種子或凋萎的葉子，誘發出各種細
緻迷人的咖啡香和茶香。

咖啡和茶都是刺激性飲料，不過其中的活性成分不只有咖啡因。咖啡與茶的美味，以及數不清的變化與微妙，讓人不由得單純地愛上這些飲料，更一頭栽進這浩瀚無邊的世界，甚至深深迷戀其中。

　　咖啡和茶會放在一起討論，是因為兩者都是飲料，但來源卻大相逕庭。咖啡的原料是成熟的樹木種子，休眠中，就跟堅果一樣含有植物萌芽所需要的基本養分，非常苦澀以防止動物食用。人類則以高溫烘焙種子，賦予咖啡強烈的風味。茶的原料是剛長出來的新葉，風味同樣非常苦澀，以防止動物啃咬。茶葉同時也生機旺盛並富含酵素，以此來建構並維持自身。人類為了誘發茶葉的多種風味，先讓葉子凋萎，再加以揉捻，以刺激酵素的活性，然後在低溫或中溫下讓茶葉發酵、變化。

　　種子與熱、樹葉與生命：咖啡與茶的風味，就來自兩個截然不同的世界。

　　我在 1970 年代初期，進入能夠喝咖啡因飲料的年紀。當時的基本選擇只有用過濾式咖啡壺沖泡研磨好的罐裝咖啡粉，以及幾種茶包。這些粉末之細碎，很快就會讓咖啡或茶變得苦澀，因此我的沖泡時間都是以秒計。當我第一次喝到新鮮烘焙咖啡豆以滴漏方式煮出的黑咖啡時，風味好到我捨不得喝完；幾個月之後，我就買了手搖式咖啡研磨器。現在我每個寂靜的早晨，都是在磨豆聲中敲醒。

　　對於咖啡，我兒子在二十一世紀起步得比我快。他比較喜歡新型的義式咖啡研磨機，而不是我的手搖研磨器。他也教我如何操作濃縮咖啡機，告訴我最先進的製作奶泡技巧，並介紹我一些咖啡怪咖的網站。他甚至前往中國，四處品茗茶飲，然後帶回來一些少見的茶葉。其中一種像藥一樣苦，還有的是像雨天的落葉。

　　一天之中，從未有其他時刻，能像這些非凡的葉片與種子所帶給我的時光如此美好。本章將會以幾頁的篇幅，詳細說明咖啡與茶的保存與沖泡方式。

# COFFEE AND TEA SAFETY
# 咖啡與茶的安全

咖啡與茶幾乎不會引發食源性疾病，它們都是乾燥的食材，而且需要用熱水沖泡，因此幾乎不會有微生物殘留。

**燙傷和慢性刺激**是咖啡與茶最常引起的傷害。沖泡咖啡與茶的水溫將近沸點，接觸幾秒鐘就會造成嚴重燙傷。習慣喝非常熱的飲料，也會增加口腔癌和咽喉癌的風險。

喝第一口的時候要小心，以免滾燙的液體一下子灌入口中。如果咖啡與茶的溫度會高到燙傷，就不要喝。

**咖啡因是存在於咖啡與茶的刺激物**，會讓人心神不定與失眠。喝下之後，在 15 分鐘到 2 個小時之間，咖啡因在體內的血中濃度會升到最高，3~7 小時後濃度減半。飲料中咖啡因的濃度差異非常大，通常一杯茶中的咖啡因含量是一杯沖泡式咖啡的一半以下。義式濃縮咖啡由於分量少，咖啡因含量也相對較少。

# BUYING AND STORING COFFEE
# 挑選與儲存咖啡

咖啡樹是小型喬木，原生於北非。目前好的咖啡都生長於許多熱帶與亞熱帶國家，然後運到消費咖啡的國家加以烘焙。咖啡可能以同一產地單獨銷售，也有混裝不同產地販售的。阿拉比卡咖啡是一種咖啡豆品種，以香氣細緻著稱。羅布斯塔咖啡是另外一個咖啡豆品種，煮出的咖啡較阿拉比卡濃厚，咖啡因含量比較高。

可以從有信譽的商家試試看受好評的單品咖啡。有些單品咖啡價格很高，卻是店家以廉價咖啡豆冒充的。

**咖啡的風味是在烘烤時所產生。**中度烘焙會產生中等深度的豆子，外表無光澤，有著濃厚的口感與風味。淺度烘焙的豆子顏色較淡，嘗起來較酸，有著獨特的豆子香氣。深度烘焙的豆子外表油亮，有著一般的烘烤風味，有時會帶有苦味。

購買近日剛烘焙好的本地烘焙咖啡豆，或是**購買賞味期限最長的真空包裝咖啡豆。**

咖啡豆會產生酸敗的味道，來自於多元不飽和脂肪，這種脂肪很容易受到氧氣攻擊。

購買完整的豆子，在沖泡之前研磨，如此能產生最豐滿、新鮮的風味。咖啡豆磨成細緻的顆粒之後，香氣很快就會消散。

全豆密封可以在室溫下保存一個星期，冷凍可以保存數個月。

研磨好的咖啡豆密封可以在室溫下保存數天，冷藏數個月。

冷藏或冷凍的咖啡豆在使用之前，要放到室溫下回溫，以免打開之後水氣凝結。

**去咖啡因咖啡**是以水、二氧化碳，或是二氯甲烷（會有微量殘留，但不會帶來安全上的疑慮），去除咖啡豆中的大部分咖啡因。去咖啡因的過程，也會去除一些帶來口感與風味的物質，因此去咖啡因的咖啡品質變化很大。

**即溶咖啡**是咖啡風味與顏色物質的乾燥濃縮物，比起做為現煮咖啡的替代飲品，更適合用來製作甜點和酥皮。

# BUYING AND STORING TEA
# 挑選與儲存茶葉

　　茶是某種原生於東亞茶樹科植物葉片乾燥而成。好的茶葉來自中國、日本、印度、斯里蘭卡（錫蘭）和肯亞，價格和品質差異很大。

　　**廉價茶包**是由細碎的茶葉所組成，如此便能迅速泡出濃茶。

　　**較昂貴的茶包**是由完整的茶葉葉片所組成，裝在絲絨般的塑膠茶袋中，能泡出較獨特、細緻的茶湯。

　　**薰香茶**是將茶葉和花混在一起製成，通常含有花瓣。有些廉價的薰香茶加入的是香精。正山小種紅茶是用松木薰香過的中國茶。

　　購買茶葉，選擇販售量大的商家。這些茶葉不會在架子上放太久。

　　茶可以保存數個月，要密封在不透光的容器中，置於陰涼處。茶的香氣會慢慢流失，老舊的茶葉在沖泡之前要先檢查過。

　　**白毫**是茶樹新芽尚未展開成葉片時就摘取製成的，能夠沖出色淺、風味細緻的茶湯。

　　**綠茶**是由茶樹幼嫩的葉片所製成，採收之後快速加熱以保存顏色。泡出來的茶湯呈現黃綠色，有著特殊的甘味，並略帶苦味。香氣有青草、海藻或堅果的氣味。

　　**烏龍茶**也是由幼嫩葉片所製成，採收之後茶葉本身的酵素加上短暫高溫加熱，會為茶葉帶來輕微的褐變。烏龍茶的茶湯是黃褐色，有時會有澀感，含有豐富的花果香氣。

　　**紅茶**也是用幼嫩葉片製成，經過揉捻和酵素作用之後成深褐色。紅茶茶湯為深琥珀色，含有複雜、刺激的花果香味，略有澀感。

　　**普洱茶**是由標準的中國綠茶經堆疊陳放以發酵後製成。普洱茶的茶湯是紅褐色，不含澀感，但是有苜蓿般的香料氣味。

　　**草藥茶**的原料並非一般的茶樹，而是其他許多不含咖啡因的植物，包括薄荷、木槿花、檸檬馬鞭草、野玫瑰果、甘菊，以及柑橘皮。許多草藥茶都會添加香精。

**如意寶茶（rooibos）**也稱為紅樹茶或蜜樹茶，原料是南非的一種灌木的葉子，不含咖啡因。如意寶茶含有非常大量的抗氧化物。

　　**瑪黛茶**是由一種南美洲的灌木製成，富含咖啡因。

# THE ESSENTIALS OF BREWING COFFEE AND TEA
# 咖啡與茶的沖泡要點

　　咖啡和茶的沖泡過程，就是以水萃取出乾燥豆子和葉片之中的風味成分。

　　**萃取的過程**會受到咖啡豆粉末與茶葉葉片大小、水溫，以及萃取時間的影響。顆粒小、水溫高，萃取的時間就短。高溫會萃取出比較苦和刺激的味道，但是香氣更細緻。

　　咖啡豆和茶葉若是萃取不足，泡出的湯汁便平淡無味；要是萃取得太過，湯汁風味又會過於刺激。因此沖泡出好咖啡與好茶的關鍵在於，順應咖啡豆與茶葉的特性，調整沖泡的水溫與時間，以取得風味平衡的湯汁。

　　**水的品質**也會影響湯汁品質，因為咖啡與茶有 95~98% 都是水。

　　使用過濾水來沖泡咖啡與茶，好去除水中原本的異味。這種異味即使加熱也無法去除。

　　避免使用非常硬、非常軟或蒸餾過的水來泡咖啡和茶。硬水中含有大量礦物質，會干擾風味的萃取過程，並且使得湯汁渾濁，在表面形成浮垢。軟水和蒸餾水則會沖泡出風味不平衡的茶湯。

　　若要改良風味平淡的茶和咖啡，可以試著在沖泡用水中，加入少許塔塔粉或是檸檬酸鹽。許多的都市自來水會加入鹼，以減緩水管腐蝕的

速度，因此用來沖泡時，加點酸會比較好。或是購買礦物質含量中等的瓶裝水來沖泡。

# BREWING AND SERVING COFFEE
## 咖啡的沖煮與飲用

咖啡有數種常見的沖煮方法，每種都能做出風味獨具的咖啡。

**滴漏式沖煮法**的水溫一開始可以控制得很好，但是在沖煮時水溫會下降，而且沖煮時間取決於水流過咖啡顆粒的速度。濾紙可以濾掉幾乎所有殘渣，穩定沖出充滿泡沫的咖啡，但是紙的味道可能會滲入咖啡。金屬濾網則會讓一些殘渣通過，而這些顆粒在杯子中會持續受到萃取，使得咖啡變苦。

**一般的滴漏式咖啡機**不容易控制水溫和沖煮時間，而且水溫常比理想溫度低。高階的機型較能控制適當的沖煮溫度。

**活塞式（法式）咖啡壺**能夠準確控制沖煮時間，然而熱水在通過粗粒咖啡粉的數分鐘萃取時間裡，溫度卻會逐漸下降。活塞式咖啡壺的濾網無法把所有的咖啡顆粒都留在壺中，所以進入杯中的殘渣會讓咖啡慢慢變苦。

**用爐火加熱的摩卡壺**，對於沖煮時間和水溫都不太能夠控制，而且沖煮溫度很高，甚至會稍微超過沸點。這樣沖出來的咖啡濃度十足，但是也苦，適合加牛奶喝。

**廉價的濃縮咖啡機**以壓力較低的蒸氣通過咖啡粉以達成萃取。煮出的咖啡濃而苦。

**真正的濃縮咖啡機**有主動式幫浦，會用高壓讓低於沸點的熱水通過

磨細的咖啡。許多這類機器都能夠調整沖煮狀況，而最頂級的機器，則能給予使用者最大的調整空間，以沖煮出最好的咖啡。高壓能夠讓咖啡豆的油脂化成細膩的油滴，漂浮在表面，以此沖煮出來的咖啡風味與濃度，是其他煮法都無法匹敵的。特殊的濃縮咖啡則混合了阿拉比卡與羅布斯塔咖啡豆，以追求最佳的風味、濃度，以及特色十足的咖啡脂。

**土耳其咖啡壺**是把非常細緻的咖啡粉重複加熱，煮出的咖啡風味強烈刺激，需要加很多糖來平衡風味。

**每一種沖煮咖啡的方法，都會使用不同粗細程度的咖啡粉，沖煮時間也有差異。**

一般而言，咖啡豆磨得越細，沖煮的時間就越短。活塞式咖啡壺使用的是粗粒的咖啡粉末，沖煮時間為4~6分鐘；滴漏式和摩卡壺則使用中等粗細的粉末，沖煮時間為2~4分鐘；濃縮咖啡機的豆子磨得最細，沖煮時間約30秒。

**咖啡豆要研磨均勻，才能泡出上好的咖啡**。如果顆粒有大有小，那麼有的尚未萃取完全，有的就已經萃取過頭。此時咖啡有可能變得平淡、苦澀，或者兩者兼具。

避免使用一般旋轉刀片的電動研磨機，咖啡豆的粗細會磨得十分不均勻。使用手動或是金屬刀頭壓碾的電動研磨機較佳，或是每隔幾天就購買新鮮磨好的咖啡豆。

沖煮咖啡的水溫介於 80~96℃ 之間，接近沸騰的水會從咖啡粉中萃取出較多香氣與苦味。溫度稍低的水沖出的咖啡口感較順，但是風味比較不足。

可以多方嘗試，找出你自己偏好的水與咖啡比例。一般美式滴漏沖煮法的咖啡是一份咖啡豆配上 15 份的水，也就是 250 毫升的水沖煮 16 公克的咖啡豆。濃縮咖啡的比例則是 1：5 到 1：4，也就是 6~8 克的豆子配上 30 毫升的水。泡出的咖啡，濃的要比淡的好，風味強烈而均衡的咖啡，只要添加熱水稀釋即可。

若要沖煮出濃度一致的咖啡，就得以重量而非體積來計算咖啡用量。咖啡杓很方便，但不是可靠的測量工具。由於咖啡粉研磨的粗細與

緊實程度不同，標準咖啡杓舀起的咖啡粉重量，可能介於 8~12 克。

用濃縮咖啡機的蒸氣來製作奶泡時，用充分預冷的金屬壺裝上一半非常新鮮的冰牛奶，至少要 150 毫升。把蒸氣管浸到牛奶中，打開蒸氣，調整壺的高度，讓蒸氣管噴口剛好位於牛奶表面正下方並且靠近壺的邊緣，如此才能讓牛奶循環。待整個壺摸起來很熱（約 65℃）就停下來，以免產生強烈的牛奶烹煮味。

咖啡杯要先熱過，以免咖啡倒入之後很快涼掉。

不要用低溫持續加熱咖啡，或以高溫重複加熱咖啡。新鮮沖煮的咖啡風味處於微妙的平衡狀態，後續加熱則會使得香氣變得刺激，同時增加咖啡的酸味。若要重新加熱冷咖啡，以微波爐低功率加熱對風味造成的損害最少。

若要讓咖啡維持較長的飲用時間，可以把沖煮出的咖啡倒入預熱好的保溫壺中。

**冰咖啡**有數種作法。快的方法是煮非常濃的咖啡然後倒入冰塊中，冰塊融化就稀釋了咖啡。或是用一般的方式沖煮咖啡，然後放入冰箱冷卻，要喝的時候才放冰塊。

**冷萃咖啡**是口感濃厚、風味溫和的冷咖啡，沖泡方式是讓冷水浸透一層粗磨的咖啡豆一整夜，或是讓冷水滴入咖啡萃取後再濾出。這樣沖泡出來的咖啡口感非常滑順，帶有些微的苦味或酸味，但香氣比不過熱咖啡。

# BREWING AND SERVING TEA
## 茶的沖泡與飲用

　　茶在世界各地有不同的沖泡方式，你可以一次泡少量茶葉，或是多次沖泡大量的茶葉，以享受風味的變化。茶葉有時會沖洗過再泡，或是把第一泡倒掉。

　　**沖泡的比例彈性很大**。通常一茶匙的茶葉大約 2 公克，可以用 250 毫升的水來沖泡。這樣的分量大約等同於數杯亞洲的茶盞，或是 1.5 個歐洲茶杯，或是 1 個美國馬克杯。

　　**沖泡的水溫因茶而異**。細緻的白毫和日本綠茶要用50~80℃的水來沖泡，以適當萃取出苦澀的物質，同時保持綠色與青草的香氣。比較耐泡的中國綠茶可用 70~80℃ 的水來泡。經過發酵且具有特別香氣的烏龍茶、紅茶和普洱茶，可以用滾水沖泡。

　　**沖泡的時間**介於 15 秒到 5 分鐘之間，這取決於茶葉的細緻程度、水溫，以及茶葉被沖泡的次數。廉價的茶包通常含有非常細的茶末，在一兩分鐘之內就會萃取過頭。

　　試驗沖泡的水溫與時間，才能泡出自己最喜歡的風味。如果茶喝起來平淡，就要提高溫度或增加沖泡時間。如果味道刺激，就要降低水溫或縮短沖泡時間。

　　完整的茶葉葉片要用過濾器或是單人茶壺來沖泡，這樣泡好的時候就可以立即取出茶葉。茶葉泡太久會萃取過頭，產生風味刺激的茶湯。

　　杯子和茶壺要先用熱水燙過，這樣泡茶和喝茶的時候，溫度才不會降得太低。

　　第一次嘗試沖泡完整茶葉葉片：

　　·白毫用 80℃ 的水沖泡 2~3 分鐘；

　　·中式綠茶用 80℃ 的水沖泡 2~3 分鐘；

　　·日式綠茶則用 70~80℃ 的水沖泡 1~3 分鐘；

· 烏龍茶用滾水沖泡 3~4 分鐘；

· 紅茶用滾水沖泡 4~5 分鐘；

· 普洱茶用滾水沖泡 1~3 分鐘。

嘗嘗茶的味道，在泡茶的過程中每隔一陣子就倒一點出來品嘗。

茶泡好了就要馬上把茶葉與茶湯分開，可以把茶倒入新的杯子中，或是把茶葉或茶包從壺中取出。

茶要馬上喝，味道才好。茶一旦冷卻也就喪失了香氣。綠茶和烏龍茶會氧化，使得風味和顏色都發生變化。

如果你以牛奶來搭配紅茶，牛奶要先放入杯中，然後倒入紅茶。如此才會讓牛奶慢慢加熱，也比較不容易結塊。

**冰茶**的濃度要煮得比較高，因為冰塊融化會稀釋茶湯。通常使用一般泡茶時的一半水量。

若要避免泡出混濁的冰茶，可用冷水或冰水浸泡茶葉數個小時。造成茶湯渾濁的化合物在冷的茶湯中萃取得少，會因溶解度降低而沉澱。

# ▎致謝

成就一本好書之鑰（至少對於這本而言），在於有好同事、好朋友，以及家人的充分支持。

我第一次見到 Bill Buford 是在 2005 年的紐約。我們一起吃中餐，而他在甜點上桌之前，就改變了我對於自己作家生涯的想法。我非常感謝Bill的建議與友誼，並且介紹了 Andrew Wylie 給我。感謝 Andrew 為我規劃了這本新書，並且找到好的出版社來出版。

我還要感謝以下人士，他們與我分享了許多食物與廚藝的深刻知識，讓本書得以完成：Fritz Blank、David Chang、Chris Cosentino、Wylie Dufresne、Andy and Julia Griffin、Johnny Iuzzini、John Paul Khoury、David Kinch、Christopher Loss、Daniel Patterson、Michel Suas、Alex Talbot和Aki Kamozawa。我很幸運能和 Heston Blumenthal 以及他的團隊在肥鴨餐廳（The Fat Duck）一起愉快工作，成員包括 Kyle Connaughton、Ashley Palmer-Watts 和 Jocky Petrie，他們不斷提出問題與挑戰。我的作家夥伴 Edward Behr、Shirley Corriher、Susan Hermann Loomis、Michael Ruhlman 和 Paula Wolfert，則提出了許多實際的問題與看法。經由與 Nathan Myhrvold、Chris Young 和 Alain Harrus 的交談，我了解到許多關於食物與科學的知識。我從好友 Robert Steinberg那裡學到了許多有關巧克力和人生的事，我很懷念他。

我特別感謝在法國廚藝學校教學時的伙伴：David Arnold 和 Nils Noren，他們在課堂內外教導了我關於食物、飲料以及許多其他事物。

我還要感謝 Shirly and Arch Corriher、Mark Pastore 和 Daniel Patterson，他們閱讀了本書的草稿並給予許多意見。David Arnold 和我在電話中花了好幾個小時逐句校正內容。當然，書中若有任何不當與錯誤，由我一人負責。

本書原本是打算寫成輕薄的手冊，但是企鵝出版社的 Ann Godoof 認為內容應該要更充實，並且在漫長的構思過程中給予完全的支持；Chaire Vaccaro 則把我的想法轉換成實用又清晰的設計；Noirin Lucas一

路照料從文稿到成書的過程，而 Lindsay Whalen 則親切、純熟且效率十足地協助整個溝通過程。

最後是我的家人。我最早是從 Louise Hammersmith 的咖哩和聖誕薑餅，以及 Chuck McGee 的週日煎餅與烤肉，了解到何謂好廚藝。我已故的姊姊 Ann 為我的第一本書繪製出具體的圖像，Joan 與她的丈夫 Richard Thomas、我的兄弟 Michael，則一路鼓勵支持著我。Harold and Florence Long、Chuck and Louise Hammersmith 以及 Werner Kurz，讓我學習到處理與品嘗魚類的重要知識，通常是在我們抓到魚之後進行。30 多年來，Sharon Long 和我並肩烹調，這段期間她一直滿懷著熱情，並且提供許多發現。我們的小試吃員長大了，很慷慨地不計較我們的鹹煮魚實驗，並且成為我們得力的助手。John 為茶、咖啡和奶泡的章節增色不少，並且非常仔細地核對校樣。Florence 包辦了許多巧克力與烘焙食物的實驗，並嚴格品嘗了其他實驗結果，且在我無法離開電腦時拿食物來餵飽我。我對所有人致上感謝與愛。

# 參考書目：
# 更多廚藝之鑰

關於各種食物及烹煮方式，以下提供一些優良且容易取得的資料來源。餐飲學校的論文和專業出版社所出版的著作也很不錯，但他們注重的主要是專業廚房的大量準備工作。下列資料較適用於一般家庭烹調。

### 一般烹調

Harold McGee, On Food and Cooking: *The Science and Lore of the Kitchen. New York*, Scribner, 2004. 哈洛德‧馬基，《食物與廚藝》（大家出版，2009）。

Shirley Corriher, *CookWise: The Hows and Whys of Successful Cooking.* New York. Morrow, 1997。

Nathan Myhrvold with Chris Young and Maxime Bilet, *Modernist Cusine: The Art and Science of Cooking.* Seattle, The Cooking Lab, 2010.

Michael Ruhlman, *Ratio: The Simple Codes Behind the Craft of Every Cooking.* New York, Scribner, 2009. 邁可‧魯爾曼，《美食黃金比例：開啟烹飪想像的33組密碼》（積木，2010）

### 一般烹飪書

Irma S. Rombauer, *Martin Rombauer Becker, and Ethan Becker, Joy of Cooking.* New York, Simon and Schuster, 2006.

Paul Bertolli with Alice Waters, *Chez Panisse Cooking.* New York, RandomHouse, 1988.

Judy Rodgers, *The Zuni Café Cookbook.* New York, Norton, 2002.

醬料

James Peterson, *Sauces: Classical and Contemporary Sauce Making.* New York, Wiley, 2008.

烘焙、麵包、酥皮和蛋糕

Shirley Corriher, *BakeWise: The Hows and Whys of Successful Baking.* New York. Scribner, 2008.

Regan Daley, *In the Sweet Kitchen: The Definitive Baker's Companion.* New York, Artisan, 2001.

Jeffrey Hamelman, *Bread: A Baker;s Book of Techniques and Recipes.* New York, Wiley, 2004.

Peter Reinhart, *Peter Reinhart's Artisan Bread Every Day.* Berkeley, Ten Speed Press, 2009.

Rose L. Beranbaum, *The Pie and Pastry Bible.* New York, Scribner, 1988.

Rose L. Beranbaum, *The Cake Bible.* New York, Morrow, 1988.

巧克力和糖果

Peter P. Greweling, *Chocolate and Confections at Home with the Culinary Institue of America.* New York, Wiley, 2009.

咖啡和茶

Kenneth Davids, *Coffe: A Guide to Buying, Brewing, and Enjoying.* New York, St. Martin's, 2001.

Corby Kummer, *The Joy of Coffee: The Essential Guide to Buying, Brewing, and Enjoying.* Boston, Houghton Mifflin Harcourt, 2003.

Michael Harney, The Harney Sons Guide to Tea. New York, The penguin Press, 2008.

Mary Lou Heiss and Robert J. Heiss, *The Tea Enthusiast's Handbook: A Guide to the World's Best Teas.* Berkeley, Ten Speed Press, 2010

# 附錄：
# 單位換算表

## 體積轉換表

|  | 毫升 | 茶匙 | 湯匙 | 盎司 | 杯 | 品脫 | 夸特 | 公升 |
|---|---|---|---|---|---|---|---|---|
| 1 茶匙 | 5 | 1 |  |  |  |  |  |  |
| 1 湯匙 | 10 | 3 | 1 |  |  |  |  |  |
| 1 盎司 | 30 | 6 | 2 | 1 |  |  |  |  |
| 1/4 杯 | 60 | 12 | 4 | 2 |  |  |  |  |
| 1/2 杯 | 120 | 24 | 8 | 4 |  |  |  |  |
| 2/3 杯 | 180 | 36 | 12 | 6 |  |  |  |  |
| 1 杯 | 240 | 48 | 16 | 8 | 1 |  |  |  |
| 1 品脫 | 480 | 96 | 32 | 16 | 2 | 1 |  |  |
| 1 夸特 | 960 | 192 | 64 | 32 | 4 | 2 | 1 | 0.96 |
| 1 公升 | 1000 | 200 | 67 | 33.3 | 4.2 | 2.1 | 1.04 | 1 |
| 1 加侖 | 3840 | 768 | 256 | 128 | 16 | 8 | 4 | 3.8 |

## 重量轉換表

|  | 公克 | 盎司 | 磅 | 公斤 |
|---|---|---|---|---|
| 1 公克 | 1 |  |  |  |
| 1 盎司 | 28 | 1 |  |  |
| 1/4 磅 | 114 | 4 |  |  |
| 1/2 磅 | 227 | 8 |  |  |
| 3/4 磅 | 340 | 12 |  |  |
| 1 磅 | 454 | 16 | 1 | 0.45 |
| 1 公斤 | 1000 | 35.2 | 2.2 | 1 |

# ▋重要食材的體積與重量轉換表

在乾食材部分，用湯匙或是杯子度量時鬆緊不一，因此只能給出大致的範圍。體積越大，變動的範圍就越大。

| 食材 | 1 茶匙 | 1 湯匙 | 1/4 杯 | 1/2 杯 | 1 杯 |
|---|---|---|---|---|---|
| 液體 | | | | | |
| 水 | 5克 | 15克 | 60克 | 120克 | 240克 |
| 牛奶 | 5 | 15 | 60 | 120 | 240 |
| 高脂鮮奶油 | 5 | 15 | 58 | 115 | 230 |
| 檸檬汁 | 5 | 15 | 60 | 120 | 240 |
| 油 | 4.5 | 14 | 55 | 110 | 220 |
| 奶油 | 4.5 | 14 | 56 | 112 | 225 |
| 起酥油 | 4 | 12 | 48 | 95 | 190 |
| 玉米糖漿 | 7 | 20 | 84 | 165 | 330 |
| 蜂蜜 | 7 | 20 | 84 | 165 | 330 |
| 香莢蘭萃取物 | 4 | 12 | | | |
| 不甜的酒（伏特加、蘭姆酒、白蘭地酒） | 4.5 | 14 | 56 | 112 | 225 |
| 固體 | | | | | |
| 粒狀食鹽 | 6.5 | 20 | 80 | 160 | 320 |
| 片狀食鹽 | 3.5~5 | 10~15 | 40~60 | 80~120 | 160~240 |
| 白砂糖 | 4.5 | 13 | 50 | 100 | 200 |
| 黃砂糖 | 4~5 | 12~15 | 48~60 | 96~120 | 195~240 |
| 粉糖 | 2.5 | 8 | 30 | 60 | 120 |
| 中筋麵粉 | 2.5~3 | 8~9 | 30~35 | 60~70 | 120~140 |
| 高筋麵粉 | 2.5~3 | 8~10 | 32~39 | 65~78 | 130~155 |
| 低筋麵粉 | 2.5 | 7~8 | 29~32 | 58~65 | 115~130 |
| 全穀類麵粉 | 2.5 | 8 | 30~32 | 62~65 | 125~130 |
| 玉米澱粉 | 2.5~3 | 8~9 | 30~35 | 60~70 | 120~140 |
| 米（標準電鍋量杯為 140 公克） | | | | | 190 |

| 食材 | 1 茶匙 | 1 湯匙 | 1/4 杯 | 1/2 杯 | 1 杯 |
|---|---|---|---|---|---|
| 中等大小的豆子 | | | | | 190 |
| 小扁豆 | | | | | 200 |
| 可可 | 2 | 6 | 22~24 | 45~48 | 90~96 |
| 小蘇打 | 5 | 15 | | | |
| 發粉 | 5 | 15 | | | |
| 乾酵母（一包為 7 公克） | 3 | 9 | | | |
| 明膠 | 3 | 9 | | | |

# ▌廚房與烹調溫度

| | ℃ |
|---|---|
| 冷凍庫最低溫度 | -18 |
| 冷藏室最低溫度 | 0 |
| | |
| 微生物生長溫度 | 5~55 |
| | |
| 海平面的水沸點 | 100 |
| | |
| 沖泡綠茶的水溫 | 70~80 |
| 沖泡紅茶、烏龍茶的水溫 | 93 |
| 沖煮咖啡的水溫 | 93 |
| 蔬菜預煮的水溫 | 55~60 |
| 蔬菜煮軟的水溫 | 100 |
| 延緩漿果腐敗的水溫 | 52 |
| | |
| 燜軟肉的隔水加熱溫度 | 55~65 |
| 燜硬肉的隔水加熱溫度（12~48 小時） | 57~65 |
| 燜硬肉的隔水加熱溫度（8~12 小時） | 70~75 |

| | ℃ |
|---|---|
| 燜硬肉的隔水加熱溫度（2~4 小時） | 80~85 |
| | |
| 平底鍋（煎炸、炒） | 175~205 |
| 炒菜鍋（翻炒） | 230以上 |
| 深炸油溫 | 175~190 |
| 薯條第一次油炸 | 120~160 |
| 薯條第二次油炸 | 175~190 |
| | |
| 烤箱燜煮穀物與豆類 | 93~107 |
| 烤箱烘烤大塊肉（煎烤） | 160~175 |
| 烤箱烘烤小塊肉、蔬菜 | 205~260 |
| 烤箱烘焙酵母麵包 | 205~230 |
| 烤箱烘焙蛋糕 | 160~190 |
| | |
| 慢速燻烤的烤架溫度 | 80~93 |

## ▍食物的目標溫度

| | ℃ |
|---|---|
| 巧克力回火 | 32 |
| | |
| 含有各種食材的菜餚安全溫度 | 70以上 |
| 煮熟食物保持安全的溫度 | 55以上 |
| | |
| 軟的蛋，蛋黃保持液狀 | 64 |
| 硬的蛋，結實的蛋黃 | 67 |
| 鮮奶油變稠、卡士達凝固 | 83 |
| | |
| 濕潤的魚貝蝦蟹 | 50~57 |
| 肉一分熟 | 52~55 |

|  | ℃ |
|---|---|
| 肉三分熟 | 55~60 |
| 肉五分熟 | 60~65 |
| 肉七分熟 | 65~70 |
| 肉全熟 | 70以上 |
|  |  |
| 蔬菜 | 80~100 |
|  |  |
| 蜜餞 | 102~113 |
| 翻糖、乳脂軟糖、軟式焦糖 | 113~116 |
| 硬式焦糖 | 118~121 |
| 軟的鬆軟型太妃糖、水果軟糖 | 121~130 |
| 硬的鬆軟型太妃糖、牛軋糖 | 132~143 |
| 硬式糖果、酥糖、乳脂型太妃糖 | 149~160 |
| 焦糖、紡絲糖 | 170以上 |

## ▌代換：雞蛋、增稠劑、膨發劑、甜味劑與巧克力

| 原來分量 | 代換分量 |
|---|---|
| 4 顆大型雞蛋 | 5 個中型、4 個特大型或 3 個巨型 |
|  |  |
| 1 份增稠用的麵粉 | 1/2 份玉米澱粉或其他澱粉 |
|  |  |
| 1 份發粉 | 1/4份蘇打加上 5/8 份塔塔粉 |
| 1 份小蘇打 | 4 份發粉（並減少酸） |
|  |  |
| 1 份糖 | 3/4 蜂蜜、1¼ 甘蔗糖漿或楓糖漿或糖蜜（減少 1/4 液體） |
|  |  |
| 100 份 50% 的苦甜巧克力 | 50份不甜巧克力加上50份糖，或30份可可加20份奶油加50份糖 |

## 公式：增稠、凝結、避免褪色、消毒、殺菌

| | |
|---|---|
| 讓 250 毫升（1 杯）的液體變得濃稠 | 12 公克麵粉（1 茶匙）或 6 公克玉米澱粉（2 茶匙） |
| 讓 500 毫升（2 杯）的液體變得凝固 | 一包 7 公克（2¼ 茶匙）的明膠 |
| 預防蔬菜水果褪色，每500毫升（2 杯）的水量 | 一片 500 毫克的維生素 C |
| 2 公克（1/2 茶匙）的檸檬酸 | |
| 30 公克（2 湯匙）檸檬汁 | |
| 清毒廚房檯面 | 一份醋加上兩份水，或是一公升的水加入5毫升（1茶匙）的家用漂白水；讓檯面自然風乾 |
| 為 4 公升（1 加侖）的飲用水殺菌 | 加入 1~2 毫升（1/8~1/4 茶匙）的家用漂白水，靜置30分鐘（若不用漂白水則煮沸一分鐘，在高海拔要更久）。 |

# Index
# 索引

## 1~5劃

Omega-3 脂肪酸 omega-3 fats 340
人造奶油 margarine 23, 24, 188, 393, 410
刀子 knives 33, 99, 141, 209, 259, 278, 359, 411, 441
三仙膠 xanthan gum 9, 275, 278, 296, 347
食物調味 seasoning 13, 14
叉 forks 49, 69, 93, 237, 243, 276, 361, 380, 437, 459
口袋餅 pocket breads 361
土耳其式咖啡 turkish-style coffee 492
土耳其軟糖／糖霜橡皮糖 turkish delight 471, 481, 482
大白菜 napa cabbage 159
大豆 soybeans 9, 24, 170, 322-30
大理石板 marble slabs 370, 447, 469, 478
大麥 barley 30, 302-02, 307, 330, 348
大黃 rhubarb 133
大腸桿菌 E. coli 101, 177, 226
小包 packets 80
小果南瓜 squashes 170
小扁豆 lentils 321-29
小茴香 fennel 34, 162
小甜餅 cookies 387-411
小麥 wheat 9, 32, 152, 286, 300-317, 348
小麥片 bulgur(burgul) wheat 307
小蘇打 baking soda 7, 20, 29, 132, 191, 328, 351, 363, 394, 418, 448, 476
山葵 wasabi 12, 33-34
不沾油／噴霧油 nonstick sprays 25, 82-83, 391, 402
不沾鍋 nonstick pots and pans 49, 54, 82-84, 118-150, 205-207, 417
不新鮮／老化／走味 stale foods 20-24, 34, 51, 117, 178, 179, 188-9, 246, 302-03, 343, 336, 346-63, 373, 392, 406, 415, 446, 481
不飽和脂肪 unsaturated fats and oils 6, 9, 10, 90, 310, 494
中米 medium-grain rice 309-15
中溫水煮 poaching 75-78
丹貝 tempeh 85, 242, 261, 264
丹麥酥 Danish pastries 381-82
切拌法 folding method 398, 400
切削器具 cutting tools 44, 45
化學膨發劑 chemical leaveners 363, 392, 395, 416
反式脂肪 trans fats 9, 23, 86, 188, 336, 373
天使蛋糕 angel food cakes 398-403
天婦羅麵糊 tempura batter 423
天然粗糖 turbinado sugar 33
太妃糖（乳脂型） toffees 472, 476-77

太妃糖（鬆軟型） taffy 472, 473, 476-77
巴氏殺菌法 pasteurization 177
巴伐利亞卡士達 Bavarian creams 438
巴薩米克醋 balsamic vinegar 18, 28
手持烹飪器具 handling tools 46
手套 mitts (gloves) 33, 48, 49, 90, 99, 105, 145, 189, 345, 473, 477
方形蛋糕 sheet cakes 391, 405
月桂葉 bay leaves 34, 139
木瓜 papayas 124, 131, 441
木糖醇 xylitol 31
木薯／樹薯 tapioca 9, 216, 286, 318, 372, 380
比司吉 biscuits 363
比利時苣菜／白葉苦苣 Belgian endive 162
水甘納許 water ganaches 456
水果 fruits 4-46, 79, 81, 103-185, 208-214, 278, 380, 405, 432, 459-83
水果削皮 peeling fruits 113
水果乾 dried fruits 28, 121, 306, 352
水果軟糖 fruit gums (gummies) 472, 483
水波爐 water ovens 67-78, 242-65
水產業 aquaculture 250
水溶膠 hydrosols 35
火蔥／珠蔥 shallots 169
火燒酒精 flambé 36
火雞 turkey 85, 226-46
牙籤 toothpicks 49, 209, 381, 106, 477
牛奶巧克力 milk chocolate 396-457
牛皮紙 brwon(kraft) paper 52, 380
牛肉 beef 9, 104, 224-289
牛軋糖 nougat 472, 480
以色列庫斯庫斯 Israeli (pearl) cousous 317
代糖 sugar substitutes 31, 394
代鹽 salt substitutes 26
包肉紙 butcher paper 52
包裹料理 wrappers 262
半月形切碎刀 mezzalunas 45
半釉汁 demi-glace 31, 270, 288
半對半 half-and-half 184
卡士達 custards 49, 77, 94, 198-210, 368-84, 407-438
卡士達奶油餡 pastry cream 380, 384, 407
卡姆小麥 kamut 301, 307
去咖啡因咖啡 decaffeinated coffee 488
可可 cocoa 217, 390, 396-479
可可豆 cacao beans 396-449

## ▎ 6~10劃

# 16~20劃

KEYS
**TO GOOD**
COOKING

屬於你自己的
廚藝之鑰

屬於你自己的
廚藝之鑰

KEYS
TO GOOD
COOKING

屬於你自己的
廚藝之鑰

KEYS
TO GOOD
COOKING
屬於你自己的
廚藝之鑰

廚藝之鑰:完全掌握廚房完美料理食材 /哈洛德馬基(Harold McGee)
作;鄧子衿譯. -- 二版. -- 新北市:大家出版:遠足文化事業股份有限
公司發行, 2022.07
譯自:Keys to good cooking : a guide to making the best of foods and recipes.

ISBN 978-986-5562-67-0 (上冊:平裝). --
ISBN 978-986-5562-68-7 (下冊:平裝)
1.CST: 烹飪  2.CST: 食物

427                                                     111009601

Keys to good cooking : a guide to making the best of foods and recipes
廚藝之鑰（下）：完全掌握廚房，完美料理食材

作者・哈洛德・馬基（Harold McGee）｜譯者・鄧子衿｜責任編輯・宋宜真｜編輯協力・
陳又津｜行銷企畫・陳詩韻｜封面設計・王志弘｜封面及內頁插畫・陳家瑋｜內頁排版・
菩薩蠻｜總編輯・賴淑玲｜社長・郭重興｜發行人兼出版總監・曾大福｜出版者・大家／
遠足文化事業股份有限公司｜發行・遠足文化事業股份有限公司　231　新北市新店區民
權路108-4號8樓　電話・(02)2218-1417　傳真・(02)8667-1065｜劃撥帳號・
19504465　戶名・遠足文化事業有限公司｜印製・成陽印刷股份有限公司　電話・
(02)2265-1491｜法律顧問・華洋法律事務所　蘇文生律師｜定價・350元｜初版一刷・
2012年5月｜二版一刷・2022年7月｜有著作權・侵害必究｜本書如有缺頁、破損、裝訂
錯誤，請寄回更換｜本書僅代表作者言論，不代表本公司／出版集團之立場與意見